河南北部平原地裂缝活动规律及形成机理研究

宋高举　邓晓颖　黄继超　著

U0268279

黄河水利出版社

·郑州·

内 容 提 要

本书是在河南北部平原地裂缝调查的基础上,对该区域内地裂缝整体发育状况、展布特征、灾害特征进行分析,查明地裂缝的分布、规模、发生时间、发育特征;分析了该地区地裂缝的孕裂环境和启裂条件,就启裂的力源、强度、过程、机理及模式等问题展开分析地裂缝成因。结合槽探等方法对典型地域性的地裂缝成裂因素、成裂环节、成裂机理、成裂模式进行探讨,在此基础上概括出一般成裂机理。采用层次分析法对地裂缝进行分区和易发性评价,确定灾害强度及范围,并提出防治措施建议。

本书可供从事水工环地质专业人员,地质灾害相关工作人员,道路、桥梁等工程设计人员参考之用。

图书在版编目(CIP)数据

河南北部平原地裂缝活动规律及形成机理研究/宋高举,邓晓颖,黄继超著. —郑州:黄河水利出版社,2021.6

ISBN 978-7-5509-3026-1

Ⅰ.①河… Ⅱ.①宋…②邓…③黄… Ⅲ.①地裂缝-灾害防治-研究-河南 Ⅳ.①P315.3

中国版本图书馆 CIP 数据核字(2021)第 129235 号

出　版　社:黄河水利出版社
　　　　地址:河南省郑州市顺河路黄委会综合楼 14 层　邮政编码:450003
发行单位:黄河水利出版社
　　　　发行部电话:0371-66026940、66020550、66028024、66022620(传真)
　　　　E-mail:hhslcbs@126.com
承印单位:河南新华印刷集团有限公司
开本:787 mm×1 092 mm　1/16
印张:9.25
字数:162 千字　　　　　　　　印数:1—1 000
版次:2021 年 6 月第 1 版　　　印次:2021 年 6 月第 1 次印刷
定价:48.00 元

前　言

　　地裂缝是一种独特的地质灾害,我国是世界上地裂缝灾害最严重的国家之一。自 20 世纪 50 年代后期发现到 70 年代中后期,我国几个新构造活动区域相继发生较大规模的地裂缝灾害,主要发育在陕、晋、冀、鲁、豫、皖、苏等 7省,约占全国地裂缝总数的 90% 以上,集中发育在汾渭盆地、华北平原和苏锡常地区,即分布在汾渭地堑系、华北平原地堑系、邦庐断裂带和大别山北缘断裂系 4 个活动断陷盆地和断裂带上。特别是进入 80 年代以来,由于过量抽取承压水、采矿活动等人为活动导致不均匀地面沉降,进一步加剧了地裂缝的活动。

　　华北平原作为地裂缝发展的活跃地区,从 1963 年邯郸市首次发生地面开裂现象,到 1966 年邢台地震后,裂缝活动急剧发展,1976 年唐山地震后,地裂缝发育更为广泛,与此同时,华北平原区其他地区也相继出现大规模的地裂缝发育现象。根据中国地质调查局水文地质环境地质调查中心最新地裂缝调查结果显示,在唐山市、秦皇岛市、河南省黄河以北平原(豫北平原)、北京市平原区、天津市平原区、山东省黄河以北平原(鲁北平原)地区普遍出现地裂缝。最新的野外工作全面调查了华北平原地裂缝现状,归纳总结出华北平原地裂缝的特征。河南省最早开展的地裂缝调查是 1991 年河南省地矿厅水文三队提交的《河南省地裂缝与地面沉陷调查报告》,对河南境内地裂缝活动成因进行了概括分析,2015 年郭新华开展的《河南省平原区地裂缝年谱考》是近几年对地裂缝进行的一次系统统计。

　　地裂缝对发生区域内的生产和生活产生很大的影响和破坏,开展地裂缝的机理研究对提出防治措施尤为重要,华北平原地裂缝的成因机理,先后有不少学者做了相关的研究工作。江娃利等认为邯郸地裂缝特征是邯郸断裂的现今活动的反映。王景明等先后对河北平原的地裂缝进行了较为详细的调查,并且认为河北平原地裂缝受控于华北平原断陷盆地特殊的地质构造,具有明显的构造成因性质。2016 年中国地质调查局水文地质环境地质调查中心提交的《华北平原地裂缝调查与防治研究成果报告》研究了华北平原地裂缝成因特征,提出华北平原地裂缝以非构造地裂缝为主,构造地裂缝次之。河南北部平原作为华北平原的一部分,地裂缝调查纳入华北平原地裂缝调查的一个重要区域,本书是基于华北平原地裂缝最新调查成果的基础上,又结合实际工作的需要开展了河南北部平原地裂缝成裂因素、成裂环节、成裂模式、成裂机理的研究工作。

全书共分八章,第一章介绍研究区的概况和国内外的研究程度和现状;第二章介绍研究区内的地裂缝调查结果,并对地裂缝的展布和灾害特征进行分析;第三章对地裂缝的孕裂环境进行分析,主要分析断裂构造条件、岩土体条件等地层和构造因素;第四章对不同区域的地裂缝的启裂条件进行分析,对断层活动、水体活动渗裂、古河道陷裂、采矿活动塌陷等启裂机理进行论述;第五章对几处典型的地裂缝特征和成裂机理进行分析;第六章是利用 GIS 技术结合层次分析法对地裂缝易发性进行分区评价,划分为高、中、低和非易发区;第七章对国家重点工程沿线的地裂缝发育情况进行分析;第八章提出针对地裂缝的措施和建议。

本书各部分编写人员如下:前言和附录由宋高举和黄继超编写,第一章由邓晓颖和宋高举编写,第二章由黄继超和王帅编写,第三章由邓晓颖和黄继超编写,第四章由宋高举和黄继超编写,第五章由黄继超和李利彬编写,第六章由宋高举和张公编写,第七章由邓晓颖编写,第八章由宋高举和黄继超编写。全书由宋高举统稿,邓晓颖对部分章节内容做了审阅,插图由宋会香精心绘制。

在本书的编写过程中参考了业内人士的研究成果,得到同行的鼓励和支持,特别是编写人工作单位河南省地矿局第二地质环境调查院对项目的支持,谨向所有关心、支持本书编写和出版的领导、专家和同志们表示衷心的感谢!

由于自己的专业水平所限,书中还存在很多不足甚至错误的地方,敬请专家和读者批评指正。

作　者
2021 年 4 月

目　录

第一章 绪 论

第一节 研究背景

河南北部平原西依太行山,北靠冀中南地区,南面黄河,东连鲁西北地区;京广铁路、京港高铁、南水北调中线纵贯南北,地理交通位置优越。河南北部平原是我国粮棉主产区、国家优质小麦生产基地和河南省畜牧生产加工基地。河南省针对河南北部平原提出了中原经济区建设,经国务院批准也上升为国家战略。河南北部平原主要包括河南省的安阳、鹤壁、济源、焦作、新乡、濮阳等 6 个市,平原面积 2.12 万 km²,占河南省总面积的 12.69%。

地裂缝是地表介质显示的一种破裂现象,大都与断裂构造的活动性、地面沉降、地震等有一定的联系,部分裂缝与人类工程活动有很大关系,所以地裂缝是一种成因复杂的自然现象。20 世纪 70 年代以来,河南北部平原地区陆续发生大面积的地裂缝,造成建筑物损坏、道路变形、管道破裂、农田漏水等严重后果,制约了工农业生产、工程建设、城市规划、生命线工程和土地利用等发展国民经济的各项工作,成为亟待解决的城乡地质环境问题。地裂缝是一种常见的地表岩土的破裂现象,其研究属于表生地质研究范畴,根据导致地裂缝的营力条件,地裂缝可分为构造地裂缝和非构造地裂缝两种基本类型。

第二节 研究任务及内容

一、研究任务

本次研究工作的主要任务是在综合分析工作区现有资料的基础上,通过收集资料以及野外现场调查对河南北部平原地裂缝整体发育状况、展布特征、灾害特征进行分析;选取典型地裂缝,通过槽探等方法对其特征进行分析;大致查明地裂缝的分布、规模、发生时间、发育特征等。对地裂缝的主要形成机理进行分析,研究地裂缝的活动规律,进行地裂缝分类、地裂缝易发性评价及预测,并提出防治措施建议。

二、研究内容

以河南北部平原地裂缝为基础,总结地裂缝灾害理论,为地裂缝灾害的预测防治、环境质量评价提供依据,主要研究内容如下:

(1)总结河南北部平原地裂缝形成的发育状况(河南北部平原地裂缝的分类、展布特征等)。

(2)从地层条件、构造条件等分别分析河南北部平原地裂缝的孕裂环境,进一步揭示地裂缝与其相联系的地质要素之间的响应关系。

(3)对于豫北地区地裂缝启裂条件(主要包括深部构造、活动断裂、古河道、地表水和地下水等方面),从启裂力源、强度、过程、机理及模式等问题逐一展开分析。

(4)对典型的地域性、类属性地裂缝的成裂因素、成裂环节、成裂机理、成裂模式进行探讨,在此基础上概括出一般成裂机理。

(5)对研究区进行易发程度分区,预测地裂缝发生的可能性和地裂缝可能发生的大体空间位置,为后期的地裂缝防治工作提供科学依据。

(6)提出防治地裂缝的措施和建议,为工程建设和开发提供依据。

第三节　　自然地理条件

一、地理位置

研究区主要包括安阳、鹤壁、济源、焦作、新乡、濮阳等6市平原地区(等高线200 m以下区域),总面积2.12万 km²(见图1-1)。其中,安阳市面积7 413 km²,人口547.76万,辖1市5县4区;濮阳市面积4 188 km²,人口377.21万,辖5县1区;鹤壁市面积2 299 km²,人口156.6万,辖2县4区;新乡市面积8 269 km²,人口625.19万,辖2市6县4区;焦作市面积4 071.1 km²,人口352.11万,辖2市4县4区;济源市面积1 931 km²,人口72.73万,直属河南省管辖,研究区内人口2 131.6万余人。

豫北地区和冀中南地区、鲁西北地区共同构成了河南北部平原。豫北西依太行山,北靠冀中南地区,南面黄河,东连鲁西北地区;区内大广高速、二广高速、京广铁路、京港高铁、南水北调中线纵贯南北,另有郑焦高速、长济高速等多条高速穿过,G106、G107、G209等多条国道路连接交通,交通条件便利。

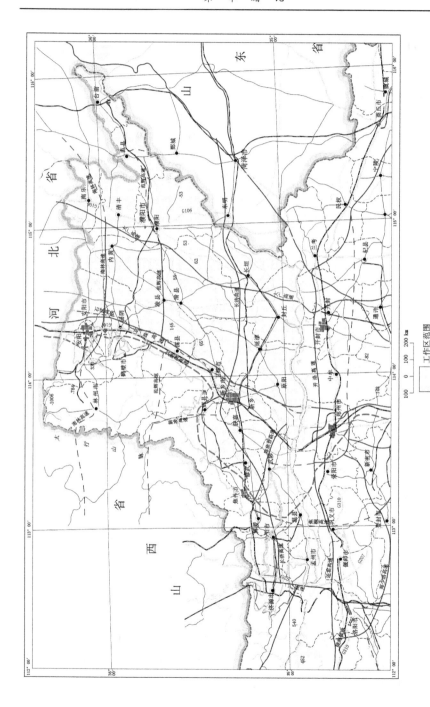

图1-1　河南北部平原交通位置

二、社会经济概况

研究区主要包括安阳、鹤壁、济源、焦作、新乡、濮阳等6市,现分别将其社会经济概况简述如下。

(1)安阳市社会经济概况:安阳市是河南省的重要工业基地,已初步形成了冶金、电子、化工、电力、机械、纺织、医药、烟草等工业体系。全市现有限额以上工业企业466家,大中型企业64家。安阳钢铁集团公司、河南安彩高科股份有限公司(简称安彩集团)被列入全国500家最大工业企业。安彩集团是中国最大的彩色玻壳生产基地,产量位居世界第四。"安彩"牌玻壳、"YA"牌热轧带肋钢筋、"红旗渠"牌香烟、"金钟"牌电池等产品成为全国或全省知名品牌。

(2)鹤壁市社会经济概况:2010年11月,国务院批准鹤壁经济开发区为国家级经济技术开发区。2011年,鹤壁市GDP达510.93亿元,按可比价格(扣除价格变动因素后的价格)计算,比上年增长12.9%,增幅居全省第六位。第一产业增加值55.95亿元,增长3.5%;第二产业增加值365.36亿元,增长15.6%;第三产业增加值89.62亿元,增长8.2%。固定资产投资持续保持较快增长。2011年,全社会固定资产总投资350亿元,比上年增长24.7%。

(3)济源市社会经济概况:济源市是全国重要的铅锌深加工基地和电力能源基地、中西部地区重要的矿用电器生产基地和煤化工基地、河南省重要的盐化工和特种装备制造基地。2011年济源市铅产量为905 250 t,占全国的20.08%、河南省的72.73%;锌产量282 939 t,占全国的5.29%、河南省的95.01%;黄金产量6 111.5 kg,占全国的1.69%、河南省的4%;粗钢产量2 735 191 t,占全国的0.4%、河南省的11.54%;钢材产量2 825 219 t,占全国的0.32%、河南省的7.96%;焦炭产量2 845 931 t,占全国的0.67%、河南省的9.99%;烧碱产量357 347 t,占全国的1.45%、河南省的21.44%。

(4)焦作市社会经济概况:2010年焦作市地区生产总值1 309亿元,增长9.9%,三次产业结构为8.3∶68.5∶23.2,人均GDP 30 145元,位居河南省中部6市前列。全年地方财政收入46.62亿元,增长33.1%,一般预算收入36.53亿元,增长24.8%。

(5)新乡市社会经济概况:2011年,地区生产总值达到1 501.04亿元,财政一般预算收入突破90亿元,投资总量位居全省第4位。新乡地区生产总值突破1 500亿元,2011年全市实现地区生产总值1 501.04亿元,同比增长14.6%。

(6)濮阳市社会经济概况:全市生产总值943.6亿元(2011年),增长11.8%。地方财政一般预算收入30.2亿元、支出90.4亿元,分别增长19.1%、10.8%。城镇居民人均可支配收入15 138元,农民人均纯收入5 077元,分别增长10.2%、15.1%。

第四节　国内地裂缝研究现状

我国是世界上地裂缝灾害最严重的国家之一。目前在25个省(市、自治区)的300多个县(市)发现地裂缝数千条,面积达60余万 km²。我国城市地裂缝调查起源于落实地震异常和为城市抗震防灾工作服务。1974~1975年华北观测到2万起无震地裂事件,其前后邯郸、西安、大同等城市相继出现地裂缝并迅速发展,造成建筑物损坏、道路变形、管道破裂。自20世纪70年代中后期,我国几个新构造活动区域相继发生较大规模的区域性地裂缝现象,主要分布在大华北区,即陕西、山西、河北、山东、河南、安徽、江苏7省,占全国地裂缝总数的90%以上。集中在汾渭地堑系、华北平原地堑系、邦庐断裂带和大别山北缘断裂系4个活动断陷盆地和断裂带上。

一、研究程度

(一)陕西地裂缝研究概况

目前就国内来看,陕西省西安市地裂缝最严重、最典型。通过有关专家和学者的研究,西安地裂缝的成因目前有水成说、构造说和综合成因说3种不同的观点。其中,随着科学技术的不断发展,近年来越来越多的学者倾向于综合成因说,即认为西安地裂缝的形成是以隐伏断裂构造的拉张伸展发育为基础,过量开采地下水为诱因共同作用的结果。

(二)山西地裂缝研究概况

山西省是仅次于陕西省的又一个地裂缝典型发育地区。1976年,临汾首次发现了地裂缝,80年代末90年代初,地裂缝活动十分活跃,目前仍有地裂缝不断发生,最具代表性的是大同地裂缝。先后有不少学者和工程地质专家对山西地裂缝成因机理进行了广泛的研究,并取得了一系列丰硕的研究成果。关于山西大同地裂缝的成因,刘玉海等(1988年)认为大同地裂缝的形成和发展主要受控于基底构造的活动,开采地下水加剧了地裂缝活动。

(三)华北地裂缝研究概况

1963年3月,在华北平原的邯郸市首次发生地面开裂现象,1966年邢台地震后,裂缝活动急剧发展,尤其邯郸市区地面出现连通成 3 条各长 0.5~1.0 km 的地裂缝带,威胁邯郸市的城市建设。1976 年唐山地震后,邯郸地裂缝发育更为广泛,其中 1966 年连通的 3 条地裂缝进一步扩展到长达 3~8 km。与此同时,华北平原区其他地区也相继出现大规模的地裂缝发育现象。1978~1983 年,先后在石家庄、保定、廊坊、沧州、天津和衡水等地区的 16 个县发现地裂缝活动现象。另根据中国地质调查局水文地质环境地质调查中心及长安大学(2008~2010 年)最新的地裂缝野外地质调查结果显示,在邯郸、邢台、石家庄、保定、沧州和廊坊地区普遍出现地裂缝。2016 年中国地质调查局水文地质环境地质调查中心提交的《华北平原地裂缝调查与防治研究成果报告》中的最新地裂缝调查结果显示,在唐山市、秦皇岛市、河南省黄河以北平原(豫北平原)、北京市平原区、天津市平原区、山东省黄河以北平原(鲁北平原)地区普遍出现地裂缝;并研究了华北平原地裂缝成因特征,提出华北平原地裂缝以非构造地裂缝为主,构造地裂缝次之。关于华北平原地裂缝的成因机理,先后有不少学者做了相关的研究工作。江娃利、聂宗笙(1985 年)在分析了邯郸市地面沉降、地下水位变化以及邯郸断裂全新世活动资料之后,认为邯郸地裂缝特征与地下水位下降所致的地裂缝不同,邯郸地裂缝的形成是邯郸断裂的现今活动的反映。1989 年 3~9 月和 1993~1996 年,王景明先后对河北平原的地裂缝进行了较为详细的调查,结果发现地裂缝多达 402 处,并且认为河北平原地裂缝受控于华北平原断陷盆地特殊的地质构造,具有明显的构造成因性质。

(四)河南地裂缝研究概况

河南省地矿厅水文三队 1991 年提交的《河南省地裂缝与地面沉陷调查报告》对河南境内地裂缝活动成因进行了概括分析,将其分为人类活动因素成因和自然因素成因两大类型。其中人类活动形成的地裂缝以采矿塌陷地裂缝为主。构造地裂缝在地表大量显示,受气象干旱、阵暴雨和地层岩性如膨胀土、轻亚砂土和黄土性质控制;2013 年由河南省地矿局第二地质环境调查院编制完成的《华北平原(河南北部平原)地裂缝现状调查 2013 年度工作报告》,为本次工作的重要基础依据。2015 年郭新华发表的《河南省平原区地裂缝年谱考》是近期对地裂缝又一次系统统计,为本书提供参考依据。

多年来专家学者从不同角度提出了地裂缝的成因机理和开裂模式,使我国在地裂缝成因及机理研究方面已取得很大进展,在地裂缝灾害预测方法研究方面也取得了初步成果。

二、研究不足

随着社会的发展,前人成果已不能满足当前严峻的形势,主要存在以下不足:

(1)地裂缝的发生、发展是一个动态变化的过程。随着社会经济的高速发展、人类工程活动的不断加剧、地质生态环境的不断恶化,地裂缝的发育分布也随之发生变化,数据需要不断更新,才能实时动态地反映出当前地质灾害的发育分布特征,才能适应减灾防灾的需要。

(2)缺少针对河南北部平原地裂缝的调查资料。

(3)上述资料主要针对大的区域性的地裂缝研究,由于经费及专业队伍所限,对地裂缝机理研究程度较浅;缺乏系统的地裂缝易发性的研究资料。

第二章　河南北部平原
地裂缝发育状况

早在 20 世纪 70 年代,河南北部平原地裂缝就已现端倪,但由于科学认识相对于生产实践具有一定的滞后性,对豫北区域内地裂缝活动规律、成因机理、致灾机理以及评价防治等研究工作尚未得以全面展开,因而也没有得到系统而全新的认识。21 世纪以来,人类水事活动、矿产(煤炭、石油、天然气等)开采、地下及地上空间拓建,在内外地质作用和人类工程活动耦合作用的影响下促使地裂缝灾害调查及研究工作日益突显。据调查统计,本书遵循由宏观到微观、由整体到局部的方法,从区域内地裂缝分布、类属、形态等方面,概括豫北地裂缝的特征,客观总结豫北地裂缝的发育、活动规律。

第一节　地裂缝的分区分类

为更好地研究地裂缝的分布规律、成因本质,本次工作从宏观角度分述地裂缝的分区和分类情况,分区研究所揭示的是地裂缝在平面上所显示出的相对集中发育的特点,从中透视地裂缝在豫北地区不同区域呈现出的各自规律;分类研究一方面对已有大区域地裂缝的分类做完善,另一方面对豫北地区地裂缝的类属关系做概要性总结,以揭示地裂缝成因联系。

现已查明的地裂缝分布在广阔的河南北部平原区内太行山山前倾斜平原和中东部冲积平原区,由于大部分地裂缝在分布和发育方面往往不受地貌、河道、地面沉降漏斗等因素的控制,所以地裂缝在平面展布上具有多种单体形态、组合形态,且与其他地质要素的关联更呈复杂关系。

一、河南北部平原地裂缝分区

河南北部平原地裂缝在宏观分布范围上具有明显的区带性特点。豫北地裂缝的分区原则为:以构造地貌为基础,以活动构造为界线,将河南北部平原划分成若干地裂缝集中发育区(带),每个分区内具有一定数量、一定规模的丛集地裂缝。依据这一原则,可以将河南北部平原地裂缝分布区初步划分成"一带四区"(如图2-1所示),即太行山前地裂缝发育带、汤阴断陷地裂缝发

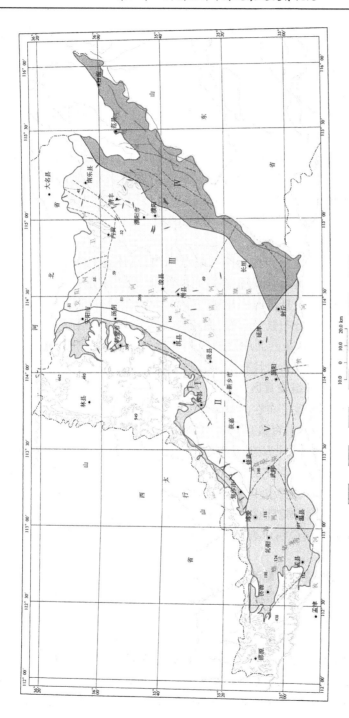

图2-1　河南北部平原地裂缝分区

1—太行山前地裂缝发育带；2—汤阴断陷地裂缝发育区；3—内黄隆起地裂缝发育区；4—张阴断陷地裂缝发育区；5—济源—开封凹陷地裂缝发育区；6—分区线；7—工作区范围

育区、内黄隆起地裂缝发育区、东明断陷地裂缝发育区、济源—开封凹陷地裂缝发育区。

(一)太行山前地裂缝发育带

该地裂缝发育区集中分布在太行山前断裂带附近,呈带状展布于断裂带东西两侧。带域面积约 1 050.61 km²,所发现的主要地裂缝(具有明显出露现象和一定长度规模的现今地裂缝)10 条。该地区断裂带总体呈北北东向展布,南段偏转为南西向、南西西向,受太行山断裂的影响,地裂缝带在发育数量和规模上呈现出南北段之间的明显差异。从发育数量来看,北段多于南段。据本次调查,河南北部平原太行山前地裂缝 9 条,河北太行山前地裂缝多达53 条(据李昌存. 河北平原地裂缝研究[D]. 2003)。

(二)汤阴断陷地裂缝发育区

该地裂缝发育区大致分布在汤阴断陷范围内,总体呈北东向展布(如图2-1 所示)。汤阴断陷带位于河南北部平原的西部,西以太东断裂为界,东至内黄隆起带,北依省界,南抵济源—开封凹陷带,面积 2 823.15 km²,地裂缝数量共计 9 条。从地裂缝分布数量来看,西南段发育较多,集中在辉县、修武县周边地区,分别为 3 条、6 条。而中段地区和北段地区未见地裂缝分布,这说明启裂动力在该区域的分布上具有南强北弱分布的主体趋势。

(三)内黄隆起地裂缝发育区

该地裂缝发育区大致分布在内黄隆起范围内,面积约 8 266.74 km²,地裂缝共计 25 条。从地裂缝发育数量来看(如图 2-1 所示),北段明显高于中段,中段明显高于南段。其中,北段主要集中在南乐县、清丰县、濮阳市、濮阳县,其数量分别为 5 条、10 条、4 条、2 条;中段主要集中在滑县,其地裂缝数量为 4条;南段未见地裂缝。从地裂缝的发育长度来看,分区内均有所分布,按照长度排序为:中段的滑县慈周寨地裂缝长 1 500 m,北段的濮阳市王助东村富裕中路地裂缝长 400 m,这说明启裂动力在该区域的分布上具有北强南弱分布的主体趋势。

(四)东明断陷地裂缝发育区

该地裂缝发育区主要分布在东明断陷这一区域内(如图 2-1 所示),该区总体上呈北北东向展布,总面积约 3 693.38 km²。该发育区分布着 4 条地裂缝,主要分布在东明断陷带与内黄隆起带交界地带。从发育数量来看,大部分集中在濮阳县胡状乡,其数量为 3 条;从发育规模来看,最大者为胡状乡柳寨村地裂缝,长约 2 000 m。东明断陷带东部和南部未发现地裂缝,这说明东明断陷带与内黄隆起带的差异性运动在控制地裂缝的分布上具有重要作用。

(五)济源—开封凹陷地裂缝发育区

该地裂缝发育区主要分布在济源—开封凹陷这一区域内(如图 2-1 所示),总面积约 5 378.5 km²。该发育区分布着 1 条地裂缝,主要分布在新乡市延津县,其裂缝长约 300 m,该区域地裂缝不甚发育。

二、河南北部平原地裂缝分类

地裂缝的分类可以依据不同标准而划分成若干类别,如成因类型、发育规模、灾害表现。仅从成因类型标准而言,可从成因的主导因素、动力类型、成因形式等方面做出不同划分。作为一种地质灾害,过去对地裂缝的研究往往侧重于外动力作用研究(如地下水抽采),随着研究工作的深入,发现豫北地区分布着的地裂缝其孕灾系统动力作用既有外动力作用的影响,也有内动力作用的影响,孤立地、侧面地从单一因素划分和研究似乎不够。本次工作对地裂缝按照不同成因进行归类,对地裂缝的深入研究是具有基础意义的,因此在前人研究的基础上,将地裂缝的划分标准重新归纳、融合,并按照这一标准对豫北地裂缝进行梳理。

对地裂缝分类研究形成的统一认识是,地裂缝的形成因素是内外地质动力作用、人类工程作用耦合效应的结果,有时人类作用大于地质作用,有时地质作用大于人类作用。因而,在地裂缝的划分过程中就不得不考虑其主导因素,按照这一因素划分是可行而必要的。地裂缝的形成大致可以分成 3 个主导因素:自然内营力、自然外营力和人类活动作用力。按照这一划分,可将地裂缝的类型划分成两个大类:构造地裂缝和非构造地裂缝。构造地裂缝以断层蠕滑型地裂缝为主;非构造地裂主要包括自然因素和人为因素引发的地裂缝(见表 2-1)。

表 2-1　河南北部平原地裂缝类型分类

地裂缝分类				
构造地裂缝		非构造地裂缝		
断层蠕滑型地裂缝		自然因素(干旱、降雨等)		人为因素(地下采矿等)
5 处		26 处		17 处
濮阳市	4 处	濮阳市	21 处	濮阳市	—
安阳市	—	安阳市	4 处	安阳市	—
鹤壁市	—	鹤壁市	—	鹤壁市	3 处
新乡市	—	新乡市	1 处	新乡市	5 处
焦作市	1 处	焦作市	—	焦作市	9 处

(一)构造地裂缝(断层蠕滑型地裂缝)的特征

构造地裂缝延伸长、深度大;延伸方向单一,多与其下断层蠕滑型相同,呈条带状或线状分布;偶具多级性,后期多演化成锯齿形地裂缝;一般长而宽,可出现水平扭错、垂直落差和张裂三向位移;常与地下水活动和小震有关。为断层活动的形迹,根基是蠕滑断层,应与其同深;一般长而宽,可出现水平、垂直和张裂三向位移;按主裂缝单一方向成带延伸;在短时间内有多条次级地裂缝平行组成条带状,单条呈线状;常与地下水活动和小震活动有关;断层蠕滑型地裂缝常是主干裂缝和次级裂缝丛生并组成一个带,如焦作市白庄地裂缝和清丰县高堡乡地裂缝。

(二)非构造地裂缝

河南北部平原地裂缝大多数属于这种类型,非构造因素引起的地裂缝,主要包括自然因素和人为因素引发的地裂缝。其中,自然因素主要包括降雨、干旱、局部重力作用、地下水潜蚀、黄土湿陷以及膨胀土胀缩等;人为因素是指所有违背客观规律的不合理的人类生产与生活活动,都有可能引发或加剧地裂缝的活动和发育,主要包括过量抽取地下水、农田大水漫灌的地表渗水、矿坑排水以及地下采矿活动形成的一定范围的地下采空区等。

1. 自然因素

(1)降雨:主要是暴雨或连阴雨,特别是由其形成的地面积水易沿岩土层的薄弱部分即裂缝和孔隙入渗。因区域构造应力增强而开启的隐伏地裂缝成系统相互沟通,更易形成集中入渗的水流,形成具有一定水位差的排泄条件,从而有助于地下水挟带细粒砂土向深处渗流潜蚀,使隐伏地裂缝扩宽,在地表显现成缝。此外,与降雨的相关性还表现在夏、秋雨季某些地裂缝张开生长速率加快;而冬、春旱季地裂缝生长速度减缓,甚至闭合,如濮阳市胡状乡地裂缝。

(2)干旱:地表土层久旱而开裂成缝,并常沿袭隐伏构造裂缝发育,如濮阳市王助乡地裂缝。

(3)局部重力作用:由于重力作用常使陷落坑、滑坡和崩塌附近的隐伏构造裂缝显现在地表形成地裂缝;沿构造地裂缝发育的盲沟因重力作用陷落而在地表出现串珠状陷坑。

2. 人为因素

所有违背客观规律的人类活动,都有可能引发或加剧地裂缝的活动和发育。豫北地区现今频繁出现的构造地裂缝,许多在不同程度上与人类活动的诱发有关。对地裂缝产生影响的人类活动主要有:

（1）过量抽汲地下水造成地下水位下降，形成降落漏斗，导致含水层的固结压密进而地面沉降，诱发地裂缝并激发其加速活动。

（2）农田灌溉的地表渗水，沿土体中的隐伏构造地裂缝产生潜蚀、冲刷，从而产生或加剧地裂缝活动。

（3）矿坑排水可促成土体中地下水的潜蚀、冲刷作用加大，进而使原隐伏紧闭的构造裂缝加宽，在地表显现为地裂缝。

（4）地下采矿活动形成一定范围的地下采空区，使上覆岩土体失去支撑，从而造成岩土体向下陷落引起地面开裂，形成塌陷地裂缝，如鹤壁市和焦作市地裂缝多属采矿引发。

第二节　地裂缝的展布特征

地裂缝已经造成了城市建筑、生命线工程、交通、农田水利设施的直接破坏，恶化了当地居民的生活环境。豫北地裂缝主要特征是分布面积广、数量较多、规模较大、持续时间较长，而且活动烈度不断扩展、活动强度不断增大，已成为我国地裂缝较为发育的地区之一。从发育特征来看，河南北部平原地裂缝与汾渭地裂缝、山西断陷盆地地裂缝有异有同，其成因不一而足，结合前人已有的研究资料和野外地裂缝的调查成果，理清地裂缝的各种特征，有助于揭示豫北地裂缝的分布规律，并进一步破解其成因。

一、整体特征

根据地裂缝的发生位置、分布范围、发育产状、发育规模、出现时间等特征，将地裂缝的基本特征概括为扩展方向性、分布规模性、构造关联性、形成复杂性、活动周期性等五个方面的内容。

（一）扩展方向性

地裂缝的扩展方向性指的是从地裂缝的延伸方向来看，不同区域、不同规模的地裂缝的走向总是近似或平行于某一优势方向，并在扩展过程中具有维持这种方向的规律性。对扩展方向性的理解，可以进一步做讨论：首先，对某些地裂缝而言，其延伸方向往往不受地面建筑、微观地貌、地形条件、水文条件的制约。现已查明的地裂缝，均分布在广阔的河南北部平原区内与太行山山前倾斜平原区，绝大部分地裂缝的空间分布、产状形态和位移动向都有一定的规律可循。概括起来有如下规律：①方向性：所见地裂缝大体上循 NW、NNW、NNE 和 NE80°等固定方向延伸（见图2-2）；②成带性：各条地裂缝横向多由一条主干裂缝和数条伴生地裂缝组合成地裂缝带,成带定向延伸,如濮阳县王助乡地裂缝;③区域性:地裂缝在全区均有发育,而且各处相应裂缝组的发育强弱程度也基本对应,具有明显的区域性特征。

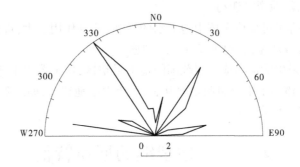

图 2-2　河南北部平原地裂缝走向玫瑰图

此外,河南北部平原地裂缝的发生地点有由南向北定向推移的规律。针对河南北部平原地裂缝方向分布情况,分别论述如下。

(1)濮阳市共发现地裂缝 25 处,根据濮阳市地裂缝走向玫瑰图(见图 2-3)地裂缝以 WN 向和 NW 向为主要走向,NE 方向的裂缝次之,说明濮阳市地裂缝以 WN 方向和 NW 方向为主要发育方向。

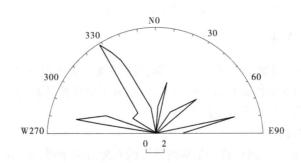

图 2-3　濮阳市地裂缝走向玫瑰图

(2)安阳市共发现地裂缝 4 处,全部分布在滑县,其走向不具规律性。根据表 2-2 可知,地裂缝在 NE45°、NE82°、NW280°、NW340°均有分布。

表2-2　安阳市地裂缝走向情况一览表

序号	野外编号	地裂缝位置	走向(°)
1	HX001	滑县城关镇刘店村	45
2	HX002	*滑县王庄乡新集	82
3	HX003	滑县慈周寨乡	340
4	HX004	*滑县老庄乡青口村	280

注：* 为多条地裂缝,本次统计选取多条地裂缝较为一致的方向为该处地裂缝的走向。

（3）鹤壁市共发现地裂缝3处,全部分布在鹤壁市鹤山区煤矿开采塌陷区内,其走向不具规律性。根据表2-3可知,地裂缝在NW330°、NW345°、NE40°均有分布。

表2-3　鹤壁市地裂缝走向情况一览表

序号	野外编号	地裂缝位置	走向(°)
1	HB001	鹤壁市鹤山区鹤煤五矿以北约350 m	330
2	HB002	鹤壁市鹤山区鹤煤三矿东马驹河村南部	40
3	HB003	鹤壁市鹤山区大闾寨村西(鹤煤九矿位于附近)	345

（4）新乡市共发现地裂缝6处,5处分布在辉县市南部煤矿开采塌陷区内;原阳县发现1处,其走向近SN向。根据表2-4可知,由于煤矿开采产生的地裂缝在各个方向均有分布,其走向不具规律性。

表2-4　新乡市地裂缝现状主要破坏情况一览表

序号	野外编号	地裂缝位置	走向(°)
1	YY001	原阳县齐街镇马滩铺村	10
2	XXHX001	辉县市张村镇裴寨村	32
3	XXHX002	辉县市张村镇张村村	300
4	XXHX003	辉县市薄壁镇赵屯村北	274
5	XXHX004	辉县市吴村镇吴村	77
6	XXHX005	辉县市赵固镇南小庄村	63

（5）焦作市共发现地裂缝10处,9处分布在焦作市马村区、解放区、中站煤矿开采塌陷区内,根据表2-5可知,由于煤矿开采产生的地裂缝在各个方向均有分布,其走向不具规律性;另外1处分布在修武县七贤镇白庄村西北南水

北调渠附近,其走向近 NE30°。

表 2-5　焦作市地裂缝现状主要破坏情况一览表

序号	野外编号	地裂缝位置	走向(°)
1	MC001	焦作市马村区	96
2	MC002	马村区安阳城街道西罗庄村东南 300 m	302
3	MC003	马村区演马街道耳贵城寨村南 400 m	176
4	MC004	马村区演马街道寺庄村北	176
5	MC005	马村区演马街道马冯营村东	147
6	MC006	马村区马界村	152
7	MC007	马村区马界村	35
8	JF001	解放区田涧村西北	320
9	ZZ001	中站区西马封村	30
10	XW001	修武县七贤镇白庄村西北 300 m	30

(二) 分布规模性

据 48 处地裂缝实地详细调查资料,对相关数据进行分区和统计,得出长度、宽度和深度主要集中分布区间。地裂缝的长短、宽窄与深浅可以体现地裂缝的规模,本区发育的地裂缝规模大小各异。

1. 地裂缝长度

地裂缝长度跨度范围较大,6~2 000 m 都有分布,但主要集中在 100~499 m,共有 24 处,占总数的 50.00%;其次为 10~99 m,有 10 处,占总数的 20.83%;<10 m 的有 6 处,占总数的 12.51%;500~999 m 的有 4 处,占总数的 8.33%;大于或等于 1 000 m 的共 4 处,占地裂缝总数的 8.33%。

本次调查的 48 处地裂缝长度统计情况见图 2-4。

濮阳、安阳、鹤壁、新乡、焦作、济源各市地裂缝长度统计见图 2-5。

2. 地裂缝宽度

地裂缝的宽度跨度范围亦较大,0.02~1.2 m 都有分布,但 45.83% 都集中在 0.1~0.5 m,有 22 条地裂缝。其余,0.51~1.0 m 有 6 处,占整个地裂缝总数的 12.51%;小于 0.1 m 的有 19 处,占总数的 39.58%;1.01~2.0 m 的仅有 1 处,占总数的 2.08%(见表 2-6)。各市地裂缝宽度统计见图 2-6。

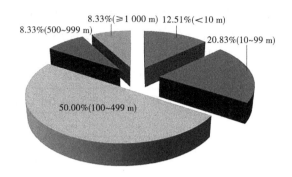

图 2-4 不同长度地裂缝所占比例饼图

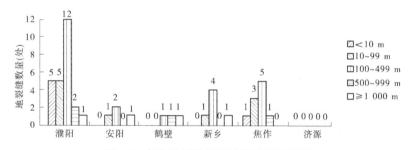

图 2-5 各市地裂缝长度统计对比柱状图

表 2-6 地裂缝宽度分布区间

宽度区间(m)	<0.1	0.1~0.5	0.51~1.0	1.01~2.0
数量(处)	19	22	6	1
占总数的百分数(%)	39.58	45.83	12.51	2.08

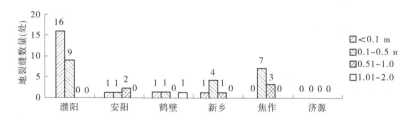

图 2-6 各市地裂缝宽度统计对比柱状图

3.地裂缝深度

地裂缝深度分布范围为 0.03~12 m,主要集中在 0.1~1.0 m,有 28 处,占实际调查地裂缝总数的 58.34%。其中,小于 0.1 m 的有 4 处,占总数的

8.33%;0.1~0.5 m,分布有 14 处,占 29.17%;0.51~1.0 m 分布有 14 处,占总数的 29.17%;1.01~2.0 m 分布有 9 处,占总数的 18.75%;大于 2.0m 的有 7 处,占总数的 14.58%(见表 2-7)。各市地裂缝深度统计见图 2-7。

表 2-7　地裂缝深度分布区间统计

深度区间(m)	<0.1	0.1~0.5	0.51~1.0	1.01~2.0	>2.0
数量(处)	4	14	14	9	7
占总数的百分数(%)	8.33	29.17	29.17	18.75	14.58

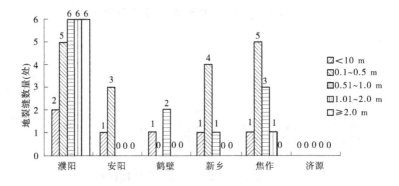

图 2-7　各市地裂缝深度统计对比柱状图

4. 灾点密度

由于所处的地理位置和地形地貌、地质条件、人口密度及人类工程活动的不同,地裂缝发育程度是不均匀的。由本次调查的 48 处地裂缝分布规律来看,地裂缝主要集中在濮阳市、焦作市,其地裂缝每 1 000 km² 密度分别达到了 5.97 处和 2.43 处,其中濮阳市地裂缝集中发育在南乐县、清丰县。南部地区(新乡市)地裂缝发育数量稍大于北部地区(安阳市),其地裂缝密度分别为 0.73 处和 0.54 处。在本次调查过程中未在济源市发现地裂缝灾害(见表 2-8)。

(三)构造关联性

地裂缝的形成与发展往往与多种因素相关联,既有内动力作用,又具有外动力作用,如断裂活动、基底活动、地下水抽采、表水入渗、强降雨、采空坍塌等,这些因素对地裂缝的孕育、成生与发育各个阶段具有自身的贡献。

表 2-8　地裂缝分布密度统计

市	面积 (km²)	县(市)	面积 (km²)	地裂缝 (处)	密度 (处/1 000 km²)	合计	密度(处/ 1 000 km²)
濮阳市	4 188	南乐县	621	5	8.05	25	5.97
		清丰县	825	11	13.3		
		濮阳县	1 452	5	3.44		
		范县	587	0	0		
		台前	451	0	0		
		濮阳市	252	4	15.87		
安阳市	7 413	安阳市	544	0	0	4	0.54
		安阳县	1 202	0	0		
		汤阴县	646	0	0		
		内黄县	1 161	0	0		
		林州市	2 046	0	0		
		滑县	1 814	4	2.2		
鹤壁市	2 299	鹤壁市	765.57	3	3.9	3	1.30
		淇县	567.43	0	0		
		浚县	966	0	0		
新乡市	8 269	新乡市	1 096.9	0	0	6	0.73
		卫辉市	882	0	0		
		辉县市	2 007	5	2.49		
		新乡县	364.6	0	0		
		获嘉县	473	0	0		
		原阳县	1 339	1	0.75		
		延津县	886	0	0		
		封丘县	1 220.5	0	0		
焦作市	4 071.1	焦作市	373.1	9	24.12	10	2.46
		修武县	722	1	1.39		
		博爱县	488	0	0		
		武陟县	860	0	0		
		温县	462	0	0		
		沁阳市	624	0	0		
		孟州市	542	0	0		
济源市	1 931	济源市	1 931	0	0	0	0

一般而言,区域活动断裂与地裂缝活动的相关度最大,而抽水作用、表水

入渗等相关因素相关度最低。地裂缝一般是活动断裂的沿线或其附近区带内和活动断裂的交会地区比较发育,且其发育强度与相应的断裂活动速率基本相对应,具有明显的区域性特征。例如,滑县—濮阳—南乐一带,相应的构造活动强度高,相应区带的地裂缝相对其他地区较为发育;濮阳县胡状乡地区位于内黄隆起带和东明断陷带交会地区,新构造运动较为活跃,该地区的地裂缝非常发育。

(四)形成复杂性

从地裂缝的形成过程来看,其演化因具多物理参量的过程的不可逆性和作用的多重耦合性,因而在整体上呈现出复杂性的特征。其复杂性可以表现在群体发育成因、单条发育成因两个方面。于某一特定地裂缝而言,其发育过程有着孕裂、启裂、成裂阶段上的划分,影响其发育的构造因素、介质因素、水体因素、人为因素(如地下水抽采)等多种作用相互耦合,在不同阶段发挥着不同作用。于群体地裂缝而言,其群发特征也有着地区间的差异,成因上的机理与模式也不一而足。据目前研究可知,可以造成地裂缝现象的作用有地震的开裂效应、断裂的蠕滑地表响应效应、地下水抽采效应、地面差异沉降效应、古河道演化效应、工程活动灾变效应等。因此,河南北部平原地裂缝的形成与发展是多种因素的共同作用下的综合影响结果。

(五)活动周期性

地裂缝的周期性是指某一条或某一地区地裂缝在时间向度上反复活动的规律特征,尤其是在活动断裂控制作用下的构造地裂缝活动具有反复开启的特点。以往资料表明,河南北部平原地裂缝活动周期性具有如下两个方面的体现。

其一,地裂缝与地震活动的周期具有对应关系。在豫北地区,地裂缝的活动不仅与地震活动的高潮期对应,而且在出现时间和空间上与中、小地震也存在对应关系,如1975年4月22日在安阳林州市发生了3.7级地震,1978年6月5日21时25分37秒,位于河北平原地震带南端的河南省新乡市,发生了一次4.9级的地震。河南北部平原自1970年到2001年12月底,共记录了2.0级以上的地震1066次,4.0级以上地震23次,未发生5.0级地震;21世纪自2003年至2012年底共记录了2.0级以上的地震105次,4.0级以上地震8次,未发生5.0级地震。由此可以看出,30年以来地震活动的次数是逐年降低的。从1975年以来河南北部平原大于3.0级的地震次数所绘活动曲线可以看出(见图2-8),河南北部平原裂缝活动主要集中在1976~1978年(13处),河南北部平原地裂缝各活动高潮分别滞后地震活动高潮1~2年。这可以说明地震活动对河南北部平原整个区域内地裂缝的群发作用具有一定的影响,表现为短期效应和长期效应。

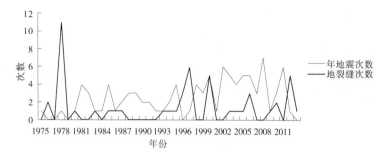

图 2-8　河南北部平原地震和地裂缝活动曲线对比

其二,地裂缝与季节变化因素具有对应关系。统计数字表明,地裂缝可以在任何季节、任意月份发生,而地裂缝在地表的集中显露时间却落在 7~9 月这一区间(见图 2-9),这说明接近地表的地裂缝活动受到地表雨水、灌溉水等人为因素的影响而反复出现。

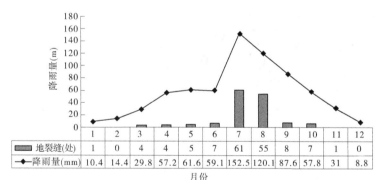

	1	2	3	4	5	6	7	8	9	10	11	12
地裂缝(处)	1	0	4	4	5	7	61	55	8	7	1	0
降雨量(mm)	10.4	14.4	29.8	57.2	61.6	59.1	152.5	120.1	87.6	57.8	31	8.8

图 2-9　河南北部平原地裂缝发生时间与降雨量对比

二、平面特征

根据地质力学的观点,地表岩(土)体所经过的各种变形或破坏方式,可以根据力学机理探寻区域内地壳运动的原因。地裂缝正是一种或几种力学机理在地表上的破裂显象,由于原始受力状况以及后期改造作用的不同,地裂缝出露地表的形态可以分为原生形态和改造形态,在地裂缝的观察、调查、描述方面需要做细致的甄别工作。根据地裂缝受力方式的组合情况,可以将其平面特征分为单一形态进行分析。所谓单一形态,就是地裂缝在单一力学作用方式的状态下所形成的力学形迹。研究地裂缝的平面形态的意义在于从细观上揭示区域内地裂缝受力变化的特征。

(一)锯齿形(直线形)

锯齿形是野外观察到的常见地裂缝表现形式。这一形式的地裂缝处于地表拉张应力状态,在裂缝的细部形成无数个细小 X 形共轭剪切节理面,它们相互交叉而切错方向相反,节理面不断向切向方向延伸,逐步发展成地裂缝的锯齿形态。按照库仑和莫尔剪切破裂理论准则,剪切角 φ(拉应力与锯齿断面的夹角的余角)为

$$\varphi = 45° - \frac{\rho}{2} \qquad\qquad (2-1)$$

式中:ρ 为内摩擦角。可见剪切角是小于 45°的,而拉应力与节理面的夹角则大于 45°。

由于土体性质的缺陷性而造成受力状态的不均一,可以形成由单条或多条剪切断面形成的地裂缝。需要指出的是,这种锯齿形剪切面往往表现为细部和整体上的分形特征,当裂缝被拉开时,雨水冲刷等侵蚀作用将锯齿状修整,从而成为近似直线状(见图 2-10)。

清丰县高堡乡东吉村地裂缝

图 2-10　锯齿形地裂缝平面形态

(二)平行多字形

平行多字形地裂缝形态常见于脆性结构材料。这种形式是指具有一定方向的裂缝,多条裂缝成雁列形、大致等间距排列,它们与地裂缝的整体走向成一定的夹角(见图 2-11)。这是因为地裂缝往往受制于活动断裂控制,继承其扭动特征(左旋或右旋),根据格里菲斯强度理论,裂缝将沿着与最大拉应力的法线方向扩展,从而形成多字形态。假设 σ_1 与裂缝的扩展方向夹角为 ψ,则有:

$$\cos\psi = \frac{\sigma_1 - \sigma_3}{2(\sigma_1 + \sigma_3)} \tag{2-2}$$

滑县慈周寨乡地裂缝

图 2-11　平行多字形地裂缝平面形态

(三) 弧形

这一形式的地裂缝由单个或多个弧形裂缝组成,弧形的凸缘总是面向一侧,每一处裂缝总向一定的方向收敛。这一系列的裂缝实际上相遇于许多点,有时这些点的位置各自指向自身的收敛端或前段,有时则沿着一定方向形成突出的弧线,在后一种情况下,相继的弧形排列成为一个螺旋形。弧形地裂缝往往与一条主地裂缝相伴生,在发育规模上较小,是主裂缝在自身影响区的进一步发展。弧形地裂缝平面形态见图 2-12。

焦作市马村区马界村地裂缝

图 2-12　弧形地裂缝平面形态

(四) 折线形

折线形的地裂缝形态是锯齿形式的一种局部放大变形,是一种较为普遍的地裂缝形态,在整体上体现为一定的折向发育特性。该形式地裂缝体现于某一个区域,体系包括弧顶及两翼,呈对称状展开。与地质力学体系中的

"山"字形形态有两点不同:其一,折线形两翼与弧顶一般由连续的或断续出现的裂缝组成,而山字形构造是由褶皱组成的;其二,折线形的一侧,即弧顶由拉张应力形成,而山字形构造的弧顶则由挤压力形成。折线形地裂缝平面形态见图 2-13。

图 2-13　折线形地裂缝平面形态

野外调查所观测到的地裂缝还有其他形态,诸如直线形、折线形、X 形等形态,这与地裂缝所处区域的地质构造、地貌、岩土体性质以及人工活动有关,在暴雨冲刷、冻融、土体胀缩、采空区塌陷等作用的影响下形成具有复杂形态的地裂缝。

三、剖面形态

地裂缝的剖面形态是指地表以下的地裂缝在垂向上表现出的特征,其平面形态与剖面形态具有一定的联系,有某些相似之处,但不是完全相同。其剖面形态表现出宽度、曲率、间距、分支的变化,对于大多数地裂缝而言,其剖面可见主裂缝和多级次裂缝,形成复杂的组合图像。

(一)楔体形

地裂缝在近地表表现为上宽下窄,并含有地表物质填充的尖楔体形形态。这一楔形的深度为 0.5~3.1 m,楔体形开口宽为 3~90 cm,并向深部逐渐收缩到一定宽度。地裂缝楔体形结构可在平面形态上表现为较大塌陷坑,促进了地裂缝灾害的影响。例如濮阳县胡状镇地裂缝在剖面上所表现出的形态(见图 2-14),地裂缝在地表的开口约 90 cm,剖面上呈弯曲的楔体结构向地层深部拓展。形成这样的形态有以下两个原因:其一,由于这一深度的地层(距地表 1 m 左右)受到自然条件、人为条件的干扰最大,水体侵入、地表开垦、农田灌溉、杂土充填等活动对地裂缝在地表的开口具有促进和干扰的作用;其二,这一深度的地层一般由较为松散的耕植土、粉土、粉质黏土或粉砂土组成,特别是粉砂土的存在,加之地下水和地表灌溉活动易在该层形成潜蚀空腔,以上作用是形成楔体形的本质因素。

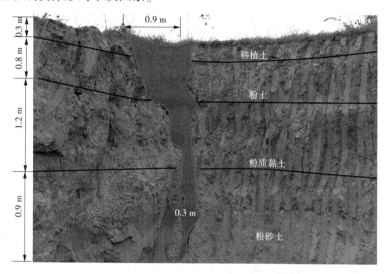

图 2-14　濮阳县胡状镇地裂缝探槽

(二)雁列形

地裂缝剖面形态的雁列形排列可以表现为主裂缝与次级裂缝之间,也可以表现为次级裂缝之间。一方面,在一定深度层次上,主裂缝与次裂缝具有很好的相关性,即等间距、近平行排列;另一方面,次级裂缝发育在主裂缝的周围,上盘及下盘具有不同范围的分布,其破裂面在剖面上表现出多级雁列形态,地裂缝在接近地表呈直立状态,尖灭于某一深部的地层。如滑县新集村地裂缝,主裂缝与次裂缝之间的间距约为 1.0 m,两者在近地表于 1.0 m 左右呈楔体结构,向深部延伸,具有近似的曲率和分形值。

另外,地裂缝在剖面上的形态还具有其他类型,如细毛状、串珠状、树枝状、结环状以及复杂的组合形态,在探槽剖面图上形成复杂的图像。需要指出的是,地裂缝的平面特征与剖面特征具有一定的联系,处于深部的地裂缝具有一定的围压,其形态受制于围压而获得较为稳定的形态结构,随着向地表扩展,围压逐渐减小,在地表其围压降到极限,为地裂缝形态的形成创造一定的自由空间,因而地裂缝的地表形态具有各自相异形态。剖面形态也随着平面形态的变化而造成维持其形态的条件的变化(如水体侵入),从而逐步演化成复杂的形态结构。

第三节　地裂缝的灾害特征

地裂缝发育区，区内建筑物开裂的空间分布与地裂缝分布完全一致，建筑物开裂时间、发生频度与地裂缝的发生发展过程也较一致。尽管建筑物、构筑物的结构类型各异，凡坐落于主裂缝上者最终均遭到破坏，即使其与主裂缝保持一定距离，若仍位于地裂缝影响带内，同样受到不同程度的破坏。河南北部平原地裂缝主要分布于农田、林地及村边坑塘、渠道中，在农田耕种及自然坍塌、淤积过程中即被填埋，其造成的破坏相对较小。只有少数裂缝在发生及发展过程中对房屋、道路、公路、铁路、桥梁及水利设施造成破坏和威胁，其造成的破坏相对较严重。

一、灾害分布成带性

地裂缝灾害分布的一个首要特征是以线状或带状破坏性影响地表及近地表完整性，其成带性的特点表现为带域性、分区性、分段性。具体说来，其一，对于同一条地裂缝而言，其灾害分布具有一定的带宽范围；其二，地裂缝灾害发育区在带内和带外的活动具有明显不同，带内灾害从长度、强度、深度及活动时间上明显高于带外区域；其三，对于某一地裂缝带而言，灾害在带内的分布并非均一，而是具有分段的特点。

二、灾害表现多样性

通过对野外调查，地裂缝造成的灾害现象可以主要概括为以下几种：塌陷坑、地面破裂、地基下沉、墙体开裂、水渠错断、桥梁损毁等。这些灾害给基础设施工程、水利工程、生命线工程以及人们的生产、生活造成了一定的经济损失。河南北部平原地裂缝现状主要破坏情况见表2-9。

表2-9　河南北部平原地裂缝现状主要破坏情况一览表

濮阳市地裂缝现状主要破坏情况			
序号	野外编号	地裂缝位置	危害
1	NL001	南乐县张果屯镇郭小陈村	民房10余户
2	NL002	南乐县十口乡西梁村	农田2亩
3	NL003	南乐县寺庄乡豆村	农田1亩
4	NL004	南乐县寺庄乡大北汝村卫河河床	大广高速卫河大桥100 m
5	NL005	南乐县袁村乡蔡庄村	农田1亩

续表2-9

序号	野外编号	地裂缝位置	危害
6	QF001	清丰县高堡乡东吉村	道路10 m
7	QF002	清丰县瓦屋头镇小集村	民房3间
8	QF003	清丰县六塔集村	民房1户
9	QF004	清丰县纸房乡张二庄村	变电所一座、农田1亩
10	QF005	清丰县韩村乡马韩村西大广高速西侧300 m	农田1亩及高速公路
11	QF006	清丰县大屯乡赵楼村	民房4户,农田3亩
12	QF007	清丰县城关镇高庄村西南角清丰亭处	道路150 m,楼房2栋
13	QF008	清丰县城关镇高庄村西南角清丰亭处	农田1亩
14	QF009	清丰县城关镇坑李家	道路20 m
15	QF010	清丰县柳格镇士于元村	民房3户
16	QF011	清丰县马庄桥镇前游子庄村	民房5户,道路30 m
17	PY001	濮阳市王助东村富裕中路	民房10余户
18	PY002	濮阳市王助村村南	民房5户,土地10亩
19	PY003	濮阳市东郭村东	民房15户,土地2亩
20	PY004	濮阳县牛庄村	民房5户
21	PY005	濮阳县胡状乡冯寨村	民房3户,土地6亩
22	PY006	濮阳县胡状乡柳寨村	民房11户,土地15亩
23	PY007	濮阳县胡状乡柳寨村西	农田1.2亩
24	PY008	濮阳县胡状乡中国集村	农田5亩
25	PY009	濮阳市王助乡闫堤村村东150 m	农田4亩
安阳市地裂缝现状主要破坏情况			
1	HX001	滑县城关镇刘店村	民房5户,农田2亩,道路10 m
2	HX002	滑县王庄乡新集村	民房32户
3	HX003	滑县慈周寨乡	民房10户
4	HX004	滑县老庄乡青口村	民房4户,农田3亩

续表 2-9

序号	野外编号	地裂缝位置	危害
		鹤壁市地裂缝现状主要破坏情况	
1	HB001	鹤壁市鹤山区鹤煤五矿以北约 350 m	民房 5 户,农田 3 亩
2	HB002	鹤壁市鹤山区鹤煤三矿东马驹河村南部	农田 5 亩
3	HB003	鹤壁市鹤山区大间寨村西(鹤煤九矿位于附近)	农田 5 亩
		新乡市地裂缝现状主要破坏情况	
1	YY001	原阳县齐街镇马滩铺村	民房 4 户
2	XXHX001	辉县市张村镇裴寨村	民房 2 户
3	XXHX002	辉县市张村镇张村村	道路 20 m
4	XXHX003	辉县市薄壁镇赵屯村北	民房 2 户,农田 10 亩
5	XXHX004	辉县市吴村镇吴村	民房 5 户
6	XXHX005	辉县市赵固镇南小庄村	农田 2 亩
		焦作市地裂缝现状主要破坏情况	
1	MC001	焦作市马村区	道路 300 m,工厂
2	MC002	马村区安阳城街道西罗庄村东南 300 m	农田 2 亩
3	MC003	马村区演马街道耳贵城寨村南 400 m	农田 1 亩,高速公路 50 m
4	MC004	马村区演马街道寺庄村北	公路 120 m
5	MC005	马村区演马街道马冯营村东	公路 80 m
6	MC006	马村区马界村	民房 1 户
7	MC007	马村区马界村	公路 10 m
8	JF001	解放区田涧村西北	农田 3 亩
9	ZZ001	中站区西马封村	农田 0.5 亩
10	XW001	修武县七贤镇白庄村西北 300 m	南水北调干渠 500 m

(一) 地裂缝对建筑物的危害

由于地裂缝活动中的构造应力对建筑物地基、基础和上部结构都具有应力传递作用,加上建筑物上部的自重应力作用,导致建筑物拉裂、剪断而破坏。其地基基础凡有地裂缝切穿者,都遭到不同程度的损坏、破坏,甚至结构失效,导致建筑物报废被拆除。如安阳市滑县王庄乡新集村地裂缝,造成 30 余户村民房屋裂缝变形,见图 2-15、图 2-16。

图 2-15 滑县新集村地裂缝造成的墙体开裂 (镜像 36°)

图 2-16 滑县新集村地裂缝造成的墙体开裂 (镜像 175°)

(二) 地裂缝对工农业生产的危害

地裂缝对工农业生产的危害主要表现为毁坏沿线农田,地裂缝沿线土体常顺缝向下流失塌陷,其上农作物难以存活,或因漏水附近土体缺水使农作物减产。本次调查的地裂缝大多发育在农田中,如辉县市地裂缝,破坏农田 30亩,见图 2-17、图 2-18。

(三) 交通工程的破坏

地裂缝对城乡交通系统的危害,主要是指对城乡公路、铁路等的破坏,以及由此产生的损失。地裂缝穿过乡镇柏油路或农村土路,常开裂成宽缝、串珠状坑洞、车辙状下阶或陡坎等,如清丰县高堡乡地裂缝破坏道路 10 m。

图 2-17　辉县市地裂缝造成的农田破坏(镜像 260°)

图 2-18　辉县市地裂缝造成的农田破坏(镜像 352°)

三、孕灾因素的多元性

河南省地裂缝灾害发育类型繁多,目前所发现的地裂缝类型有地震、滑坡、构造蠕滑、胀缩、湿陷、采空塌陷等地裂缝,其中豫北地区影响最为广泛的是伴随构造活动所形成的地裂缝。构造地裂缝其成因受构造因素的控制,然其造成的地表破坏的烈度却与地表水入渗、地下水开采、地面沉降等现象密不可分。从土体性质来看,地裂缝带场地内的土体的渗透系数一般比正常值高出 1~2 个数量级(李亮.地裂缝带黄土的渗透变形试验研究[D].2007),对水体向地下深部的渗透造成有利条件,水体的侵蚀进一步贯通地裂缝,从而造成地表灾害的进一步扩大。此外,断层活动、节理发育、地表水入渗等因素同样也参与了裂缝发育进程。因此,对于某一特定地裂缝而言,其致裂因素的贡献值不尽相同,往往形成以一种因素为主、多种因素参与的致裂系统格局。

四、成灾过程渐近性

地裂缝的成灾过程耦合了构造、水体等作用,这一过程是非线性、复杂、非可逆的过程,如地裂缝的形成既为水体作用提供了空间,水体作用又进一步加大了地裂灾害的发生。由于地裂缝在地表土体中的变形为蠕动活动,这种形式的变形是以缓慢累积的方式进行的。首先是深处地层对地表引起的变形量累积到一定程度,引发了建筑物基础的不均匀变形,继而是整体结构的变形。当变形超过结构所能承受的变形极限时,就会发生开裂、错裂,进而破坏。因此,地裂缝的成灾过程是渐进式发展的,这一特性为防治工作带来了难度。

第三章　河南北部平原地裂缝孕裂环境

　　地裂缝的形成是地表土体响应一定孕裂环境的破裂现象。所谓孕裂环境,是指与地裂缝的孕育、成生和演化间接相联系的、具有一定延展性的空间(或时间)条件,诸如地貌单元、地层结构、地质构造等。分析地裂缝的孕裂环境,核心问题在于揭示地裂缝与其相联系的地质要素之间的响应关系。

第一节　孕裂地貌因素

一、地貌划分及特征

　　河南北部平原地貌的基本轮廓是西北、西南为山地,东部为广阔坦荡的平原。河南北部平原由一系列河流冲积扇和山前冲洪积扇组合而成,其中以黄河大冲积扇为其主体。闻名于世的"地上悬河"——黄河,由西向东横穿其北部,其悬河段河床高出两岸滩地 3~7 m,成为淮河和海河两大水系的分水岭。河南北部平原总的地势特征是西高东低,地势向北东倾斜,地面平均坡降 2.5‰~1.4‰。海拔高度从西部山前的 150 m 逐渐下降至东部的 50 m 以下,范县一带地面高程降至 45 m 以下,成为河南北部平原地势的最低处。由于历史上河流(黄河)的频繁决口泛滥和改道,古河道高地、古河道洼地、泛流平地、沙丘沙地、决口扇等微地形地貌发育,成为河南北部平原区域地貌的一个显著特点。依据地貌成因和形态特征,可将河南北部平原地貌类型划分为四大类(见图 3-1),分述如下。

(一)侵蚀—剥蚀山地丘陵(Ⅰ)

　　侵蚀—剥蚀山地丘陵是指新第三纪以来受构造作用的影响一直抬升,遭受侵蚀剥蚀作用而形成的山地丘陵地貌景观。其形态特征是:高差大,有较为明显的延伸脉络,连绵起伏突起于平原之上。

　　其主要分布在西北及西南的太行山区。根据外力作用强度、方式和形态特征,又分为中山、低山和丘陵。海拔高程分别为>1 000 m、500~1 000 m 和<500 m;相对高差分别为>500 m、200~500 m 和<200 m。北部的太行山高程大于 500 m 的中山外。山势由陡峻到浑圆,沟谷由深山峡谷到宽阔谷地,主要由碳酸岩、变质岩、火成岩和少量的碎屑岩组成,构成平原地下水的补给区。

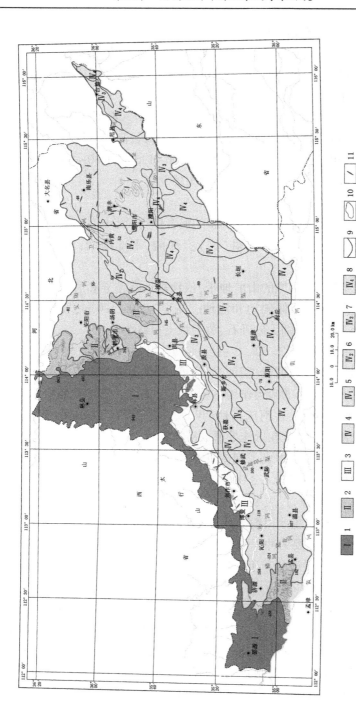

图3-1 河南北部平原貌类型分区与地裂缝分布

1—侵蚀—剥蚀山地丘陵；2—侵蚀—堆积台地；3—山前倾斜平原；4—冲积平原；5—泛流平地；6—古河床高地；7—连续；8—次口碉；9—地貌分区界线；10—工作区范围；11—地裂缝

(二) 侵蚀—堆积台地(Ⅱ)

侵蚀—堆积台地是指新第三纪或第四纪早期随平原下降接受沉积,而后又缓慢抬升遭受侵蚀—剥蚀而形成的一种特殊的台地式地貌形态类型。其形态特征是:由较平缓的台面和边缘较陡的台坡组成。

其分布在平原的西北部的鹤壁、淇县、汤阴一带。根据物质组成和成因,可分为冰碛物台地、湖积物台地和黄土台地等。海拔高程分别为 80～100 m、220 m 和 250 m,相对高度分别为 10～20 m、100～120 m 和 80～140 m。前者台面平缓,台坡较陡峻;后者台面较破碎,冲沟较发育。

(三) 山前倾斜平原(Ⅲ)

山前倾斜平原主要是由冲积与洪积的混合作用而形成的一种平原地貌类型。其形态特征是:冲积—洪积扇(群)上部陡,下部渐缓,由山前向平原倾斜。

其分布在河南北部平原的山前地带,依地貌形态差异和所处的部位可分为冲积—洪积扇(群)、缓倾斜地和洼地。高程为 50～180 m,坡降为 1/40～1/1 000 或更小。岩性分别为砂砾石、黄土状土和黏性土。

(四) 冲积平原(Ⅳ)

冲积平原是指由较大河流(黄河、海河等)频繁改道和决口泛滥沉积而形成的平原地貌,其中黄河的搬运作用占据着主导地位。依其微地貌形态的差异可分为泛流平地($Ⅳ_1$)、古河床高地($Ⅳ_2$)、洼地($Ⅳ_3$)、决口扇($Ⅳ_4$)、河漫滩和低平地等,洪水期常常在低洼处形成涝灾。

(1)泛流平地($Ⅳ_1$):构成了河南北部平原的主体,其地势广阔平坦,向东、东北方向微倾斜,坡降为 1/3 000～1/6 000,高程为 42～90 m。

(2)古河床高地($Ⅳ_2$):主要分布在黄河以北及以东地区,高出两侧平原 2～6 m,多有砂丘分布,主要由粉土及粉质黏土层组成。

(3)洼地($Ⅳ_3$):主要为冲积平原上的相对低洼地带,包括背堤洼地、河间洼地、冲蚀洼地等;河漫滩分布于河床两侧,根据其所处部位及高度,分为高、低漫滩,一般高出水面 1～3 m,大部分由黏性土组成。

(4)决口扇($Ⅳ_4$):为河水冲破堤岸(天然或人工堤岸)在河道外侧形成的扇状堆积地形,主要分布在黄河故道两侧(见图 3-2),规模较小(10～40 km)。从扇顶到扇缘,岩性由粉细砂、细砂到粉土、粉质黏土层,主要由粉土组成,边缘地带为粉质黏土层;泛滥微倾斜地,因黄河泛滥而成的一种微倾斜地形,构成了冲积平原的主要部分,海拔高程 40～90 m。

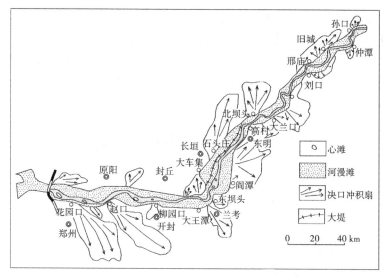

图 3-2　黄河决口扇分布

二、地貌孕裂规律

河南北部平原地裂缝主要分布在太行山山前与河南北部平原交接地带，地势相对低洼的洪积扇前、各洪积扇间，各条河流的河漫滩、古河床及湖沼洼地地区。

从地裂缝的发育范围来看，地裂缝在河南北部平原大部分地貌单元内都有分布，而地裂缝发育较集中且数量较多，按照地裂缝发育数量由大到小集中分布在冲积平原（Ⅳ）共分布有 31 处，其中 25 处分布在泛流平原（Ⅳ₁）、2 处分布在古河床高地（Ⅳ₂）、4 处分布在决口扇（Ⅳ₄）；山前倾斜平原（Ⅲ）分布有 14 处；侵蚀—堆积台地（Ⅱ）分布有 3 处。

结合各区内地裂缝成因类型分析，区域微破裂开启型地裂缝多发育于泛流平原亚区、决口扇亚区及古河床高地亚区内，而断层蠕滑型地裂缝则受底层成因及地貌类型影响较小。区内构造裂缝分布基本不受地貌单元的限制。但上述地貌单元界线往往是当地断裂活动的痕迹，而断层蠕滑型构造地裂缝又常是这些断裂蠕滑的形迹，所以构造地貌的边界常常受断层蠕滑型的分布控制。

安阳市滑县的地裂缝是沿黄河古河床高地和决口扇分布的，并多次再现。滑县段黄河古道大致成 NE35°方向分布，其沉积物也呈 NE35°向带状分布，地下水径流和水位下降漏斗的展布（长轴）方向也呈 NE35°方向。因此，在这个方向上,地表水的垂直渗透作用较强,水的冲刷、潜蚀与搬运作用也较强烈。该区地裂缝多发生在排水不畅的洼地内,明显受微地貌控制。

综上所述,总的来说河南北部平原地裂缝灾害受地貌因素控制较为明显,特别是受微地貌明显。据调查资料统计,河南北部平原地裂缝地质灾害由北向南,地裂缝灾害分布密度逐渐变小,活动性也有所减弱。

第二节　孕裂地层因素

地层系统是孕裂环境中的基础性因素,豫北地区地层具有自身特点,这为豫北地裂缝的孕育造就了独特的孕裂环境。以下从地层分区、地层组成、地层特征等方面分析豫北地区地裂缝与地层之间的对应关系,以更好揭示地层及岩土体性质在地裂缝孕裂过程中所起到的作用。

一、地层、岩土体类型划分及特征

河南北部平原位于中朝准地台豫北凹陷南部,西部属内黄凸起,东部属东濮凹陷。地层自太古界至新生界皆有发育,本书主要研究在河南北部平原内广泛分布的第四纪地层。现将不同时代地层的特征简述如下。

地层与地裂缝分布见图3-3。

(一) 前第四纪地层

出露于河南北部平原西北部的太行山地区,主要由古生界寒武系、奥陶系的碳酸盐岩组成,其次为石炭系和二叠系的砂岩、页岩。第三系隐伏于第四系之下,在平原区广为第四系所覆盖,仅在山前地区有零星出露,而在河南北部平原区,老第三系地层主要分布于汤阴一带的基底凹陷(或断陷)构造内,主要为河流–湖泊相沉积。岩性多为黏土夹淡水湖相泥灰岩和河湖相沉积的砂岩、砂砾岩、砂页岩、泥岩及砂层,厚 $450 \sim 860$ m。新乡等地的淡水湖相泥灰岩,岩溶较发育。

(二) 第四纪地层

河南北部平原第四纪地层成因类型复杂,但规律性很强。其厚度在山前地带不足 100 m,向平原区逐渐增厚到大于 180 m,局部地区甚至可达到 400 m 以上。按其沉积年代由老到新依次叙述如下。

1. 下更新统泥河湾阶(Qp^1)

河南北部平原泥河湾阶地层比较发育,分布广泛,多埋藏于地下深处,被后期地层所覆盖,仅在京广铁路以西的太行山地区有零星出露。由于泥河湾

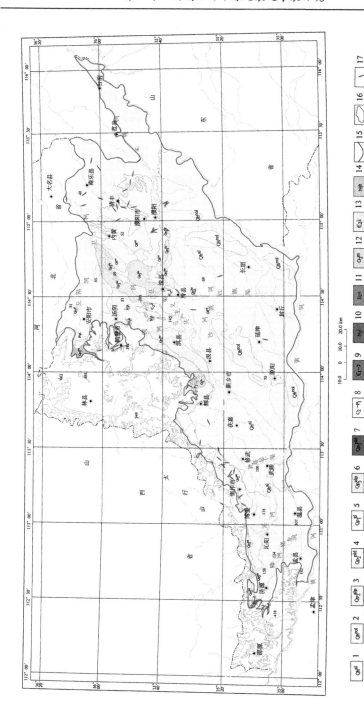

图3-3 豫北地区地层与地裂缝分布

1—冲积层；2—风积层；3—冲-洪积层；4—坡-洪积层；5—冰积层；6—冲-洪积层；7—坡-洪积层；8—本溪组；9—张夏组；10—潞王坟组；11—聂庄组；12—马家沟组；13—张夏组；14—鹤壁组；15—地层分界组；16—工作区范围；17—地裂缝

期河南平原大面积缓慢下沉,因此该层厚度比较大,一般为 20~140 m。泥河湾阶地层为一套冰水堆积-冲洪积、湖相堆积地层,其物质来源于平原西部的太行山山区。在山前地带,为冰积、冰水堆积、坡洪积物,岩性多以灰绿色或杂色黏土包大小不一、排列无序的砾石组成;平原地区为冰水冲积、冲湖积、湖积物,岩性为棕红、灰绿、棕黄色粉质黏土层夹粉细砂、粗砂、中细砂。

2. 中更新统周口店阶(Qp^2)

河南北部平原周口店阶地层分布范围也十分广泛,也多被新地层所覆盖,主要出露于西部及北部山前岗地。周口店期河南平原继承性下沉,但沉降幅度较泥河湾期明显减弱,在平原北部堆积了一套以河湖相沉积为主的地层。该地层厚度较大,山前地带一般为 10~30 m,平原地区一般为 40~80 m,局部可大于 100 m。底板埋深在山前地带小于 20 m,由山前向平原埋深逐渐变大,长垣一带最深,为 160 m。地层上部为较单一的粉土、粉质黏土层,厚 10~60 m;下部为砂砾石及砂层等流水堆积物。

3. 上更新统萨拉乌苏阶(Qp^3)

萨拉乌苏期河南北部平原仍处在继续下沉之中,平原北部地区沉积了以黄河冲积-洪积为特征的砂卵石夹砂黏土、黏砂土堆积物;南部地区沉积了以冲积、冲湖积和湖相沉积为特征的粉土、粉质黏土层夹砂、砂砾石层堆积物。该地层在黄河两岸厚度最大,达 60 m。底板埋深山前地带可小于 10 m,向平原区埋深逐渐加大,开封一带埋藏最深,可达 100 m。

4. 全新统(Qh)

全新统地层广泛分布于河南北部平原及黄河主河道带两岸地区。在河南北部平原区,该地层有冲积(Qh^{al})和风积(Qh^{eol})两种。冲积层主要由黄河多次改道冲积而成,厚 30~70 m。在近山前地带为黄褐色粉土及砂层,底部有少量砂砾石层、中间夹亚黏土透镜体,向东延展为黄色、淡黄色粉土、粉细砂、中细砂互层,夹粉质黏土层、黏土透镜体。风积层为淡黄色、黄白色细砂、粉细砂组成的砂丘,分布在黄河故道附近,具斜交层理,厚度小于 20 m。

(三)岩土体类型特征

依据岩土体特征分为基岩、一般黏性土、砂性土和特殊类土(见图 3-4)。

1. 基岩

基岩分布于河南北部平原西部、西南部山区、山前岗地区及平原的残山岗地区,多出露地表,主要为前新近系页岩、砂岩、碳酸盐岩,变质岩、岩浆岩等。岩体完整、致密、较坚硬,抗压强度高。

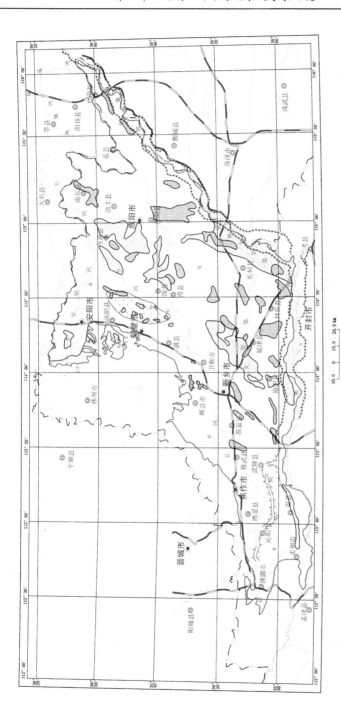

1—坚硬的厚层状岩状岩溶化大理岩、石灰岩岩组；2—软弱的中厚层状泥灰岩、泥岩、砂质砾岩、页岩岩组（1、2为岩体类型）；3—砂质土；4—黏质土（3、4是土体类型）；5—湿陷性黄土；6—盖溃土；7—胀缩土（5、6、7为特殊土）；8—岩土体类型界线；9—工作区范围

图3-4 河南北部平原岩土体类型分布

2.一般黏性土

一般黏性土广泛分布于河南北部平原区中,组成岩性为全新统及上更新统冲洪积、冲湖积(Q_p^{3al-1})粉土、粉质黏土及黏土。其中,粉质黏土多呈半可塑状,天然含水率21.8%~30.4%;天然空隙比0.625~0.826;液限25.2%~41.1%,塑性16.4%~23.0%;内摩擦角6.0°~30.0°;黏聚力0.9~10.7 kPa;压缩系数0.08~0.351 MPa。

3.砂性土

砂性土广泛分布于山间河谷、盆地及山前平原中,组成岩性为全新统及上更新统冲积、冲洪积、风积粉砂、粉细砂、细砂、砂卵砾石等,呈松散—密实状。

4.特殊类土

特殊类土主要有湿陷性黄土、盐渍土、胀缩土等。

(1)湿陷性黄土:零星分布于林州盆地地区,组成岩性为上更新统及全新统风成黄土、冲积及冲洪积黄土状土,湿陷系数一般由东而西增大,δ = 0.015~0.07,部分地区具自重湿陷性,δ_z大于0.015。

(2)盐渍土:主要在河南北部平原分布,呈片状或斑状分布在背河洼地和平原的低洼地带,一般由地下水位浅埋、土壤和地下水含盐量较高所致。

(3)胀缩土:零星分布在浚县至鹤壁一带。根据其时代成因及土体性质等因素可以分为以下两种类型:①a类土,黄褐(浅黄)色粉质黏土,中更新统残坡积,含砂粒、砾石及卵石等,坚硬为主,厚度0.5~5 m,仅在部分鹤壁老城附近的局部岗地分布;②b类土,灰白(棕红)色黏土、粉质黏土,中更新统冲洪积,含钙质及结核,局部混含较多砂粒,硬塑—坚硬,厚度变化较大,一般为1.5~5 m,局部大于10 m。

二、地层孕裂规律

结合地层特征及地裂缝发育特征,分析地裂缝的地层孕裂规律,地层岩性对地裂缝的发生、发展的影响主要反映在两个方面:一是作为传递构造应力、应变的介质,不同的应力条件发生地裂缝的可能性强度和规模,在很大程度上取决于场地的地层;二是不同性质的土层对诱发地裂缝的响应程度存在明显差异。压缩性土层在开采地下水的情况下发生固结沉降变形,引起地表开裂。压缩性土层的强度和变形特征决定了土层的沉降幅度和固结速度。一般情况下,冲洪积土层为中硬土层,在动载荷或外部诱发因素的作用下,容易形成开裂变形。中细砂、粉土、粉质黏土等中软土层具有抑制地裂缝的活动性和发育规模作用。

　　土质条件对地裂缝发育的程度、宽度和外貌景观都有一定的影响,地层岩性是地裂缝在地表大量显示的重要条件。根据图3-3可知,河南北部平原广泛分布全新统(Qh)粉土及砂层,占整个河南北部平原的2/3,本次调查的48处地裂缝中有33处分布在该区域;全新统风积层(Qh^{eol}),在调查区内呈零星分布,岩性以淡黄色、黄白色细砂、粉细砂组成的砂丘,分布在黄河故道附近,该类型土体在本次调查中未发现地裂缝;中更新统(Qp^2),主要出露于西部太行山山前及北部山前岗地,地层岩性为较单一的粉土、粉质黏土层,该区域共发现10条地裂缝。由以上统计可知,区内地裂缝大都分布在粉土中,多数分布在粉土和粉质黏土层中,砂及粉细砂中未发育。

　　从区域上看,地裂缝分布与岩土体结构之间没有明显的规律。在不同岩土体中均有分布。在剖面上看单层结构有均质土结构和均质砂结构两种:均质土结构主要是黄土状粉土、粉质黏土层;均质砂结构主要是粉砂、细砂、中砂,少量粗砂、卵砾石。地裂缝上下宽度和形态变化不大。双层结构主要是土—砂结构和砂—土—砂结构。地裂缝切割双层和多层结构时,上下宽度和形变具有明显的变化。在砂土和粉土层中因缝壁容易受潜蚀而加宽,近地表位置呈喇叭形。在黏土、粉质黏土层和淤泥土层中因缝壁不易受冲刷潜蚀,缝宽度小、形态单一。河南北部平原区地裂缝多数发生在上部,是一层厚而较硬的黏土,下部为较松散的砂质土层或黏土、砂土交互层,该类土层中初现的地裂缝剖面多表现为上窄下宽的形态,后期经地表水冲刷地表坍塌后演变为上宽下窄的楔形。

　　综上所述,可以看出地裂缝在第四系不同时期均有发育;从区域上看,地裂缝孕裂与岩土体结构之间没有明显的规律,但不排除其对地裂缝孕育具有加速性和诱导性。

第三节　孕裂构造因素

　　地质构造因素包含若干个方面,诸如地质建造、构造变动、褶皱构造、断裂构造等,这些因素的存在奠定了豫北地区形成、发展、演化的基本构造格局。由于本区所研究的地裂缝主要发育于平原区,且与断裂活动具有一定的关联性,因此将断裂因素作为孕裂构造的主要研究对象。

一、断裂构造分布

　　河南北部平原处于新华夏系第一沉降带的西部和太行山隆起带的东南边

缘。构造形态以断裂构造为主,近调查区及穿越调查区的活动断裂主要有汤东断裂、汤西断裂、郑州—武陟断裂、峪河断裂等9条,详见图3-5。

(一)汤东断裂(F1)

汤东断裂也叫太行山东麓深断裂,该断裂展布于安阳—新乡牥城一线,是太行山前深断裂带的主干断裂,省内长达140 km,切割太古界—新近系。属活动性深大断裂,断裂带宽约5.5 km,主要由3条断裂组成。断裂走向北东30°,倾向北西,倾角60°~67°;断距650~1 000 m,为正断层,断层具多期活动,属压扭性。

(二)汤西断裂(F2)

汤西断裂也叫青羊口大断裂,展布于鹤壁市老城区东—新乡太公泉一带,长约80 km,切割太古界—新近系。属活动性大断裂,宽度约3 km,主要由3条断裂组成。断裂走向北东15°~25°,倾向南东,倾角64°~77°,长度大于70 km;断距800~1 370 m,断距由南向北减小;为正断层,具有多期活动,属压扭性;构成汤阴断陷西界,成为丘陵与平原区分界线,亦是太行山隆起与汤阴断陷界线。第四纪时期该断裂仍有继承性活动。

(三)郑州—武陟断裂(F3)

该断裂西起焦作南,经武陟在郑州铁路桥附近过黄河,延至郑州市区南,走向56°~62°,长度约70 km,具压扭性,为右型正断层,为武陟凸起和济源凹陷的分界断裂,在黄河以南称为老鸦陈断裂。

(四)峪河断裂(F4)

该断裂西起峪河口,向南经峪河斜贯新乡市区中部,长约30 km,为一正断层,走向北西—北西西,倾向南西至南南西,倾角55°~65°,落差200~600 m。峪河在流经该断裂上盘时,河床坡降明显加大,而流经其下盘时,河床坡降又明显变缓,表明该断裂系至今仍在活动。

(五)新商断裂(F5)

由新乡延津的塔铺—封丘—兰考—商丘—夏邑向东南延入安徽。此断裂对开封、虞城凹陷有明显的控制作用,常构成凹陷的边缘。次断裂以北以新华夏体系为主。水系为黄河及海河水系,流向自南西向东北与构造线方向一致。次断裂为多期活动的压扭性断裂,并具有反时针旋转的特征。

(六)长垣断裂(F6)

长垣断裂为深断裂带西侧边界断裂带,走向北北东,倾角50°。由封丘经长垣县—濮阳县庆祖后分支为石家集、文西、马寨等断裂,穿过濮阳市东南部,向北东方向进入山东境内,长约130 km。该断裂为内黄隆起与东濮凹陷的分

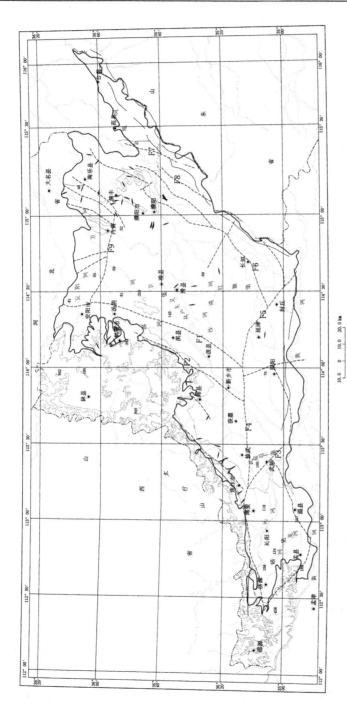

图3-5 豫北地区构造图

界。据有关资料分析,此断裂切穿地层止于新近系,挽近时期仍在活动。

(七)聊兰断裂(F7)

聊兰断裂是深断裂大的主干断裂,走向北北东,倾角50°~70°。由山东聊城—河南兰考北,长约200 km。该断裂为东濮凹陷与鲁西隆起的分界。据钻孔揭露,该断裂东西两侧新近系和第四系厚度相差660 m,说明该断裂继承性差异运动十分强烈,属深大活动断裂。

(八)黄河断裂(F8)

黄河断裂位于长垣断裂和聊兰断裂之间的东濮凹陷中部,长约130 km,走向大体沿黄河呈北北东方向展布,倾向NW,倾角50°~60°,为正断层。据有关资料,该断层切穿了新近系地层,近期仍在活动。

(九)清丰断裂(F9)

清丰断裂西起安阳许家沟,经安阳市城西至内黄县城南向东延伸至清丰县境内。其走向近东西,侧相下沉,长达130 km,是条活动断裂,为正断层。据有关资料分析,此断裂切穿地层止于新近系,挽近时期仍在活动。

二、豫北地区断裂活动特征

根据河南省活动断裂图(1:50万比例尺)的相关研究,可以将华北凹陷(河南北部平原部分)(见图3-6)的主要活动断裂的分布、活动规律做以下总结:其一,走向性。相关解析结果表明,豫北活动断裂的优势方向可以分为NE向、NNE向、近NW向、近EW向等四组,其中以NNE向断裂最为发育(如汤东、汤西)。由此可见NNE向断裂均是在拉张状态下形成的高角度正断层,且多为向东倾之,断裂活动性较强,是形成豫北部分华北凹陷的主要控制性断裂。其二,差异性。可以体现在断裂活动的分段性方面。从总体趋势上来看,断裂带活动性自东向西有逐渐加强的趋势(据《河南省地质志》)。

三、断裂孕裂规律

地裂缝的孕育与活动断裂因素有关,从活动断裂方面可以将豫北地裂缝的孕裂规律做出总结。具体说来:其一,从断裂走向来看,地裂缝的发育优势走向近NNE向、NW向,这与活动断裂的优势走向具有一定的一致性或相似性;地裂缝的集中发育区主要分布于断裂带附近(濮阳地裂缝),或者分布于受断裂控制影响较大的凹陷盆地内部,从而说明活动断裂对于地裂缝的孕育起着构造作用。其二,从断裂带来看,地裂缝主要发育于汤西断裂(F2)、长垣断裂(F6)、聊兰断裂(F7)等NNE向断裂带上,需要注意的是地裂缝的活动区

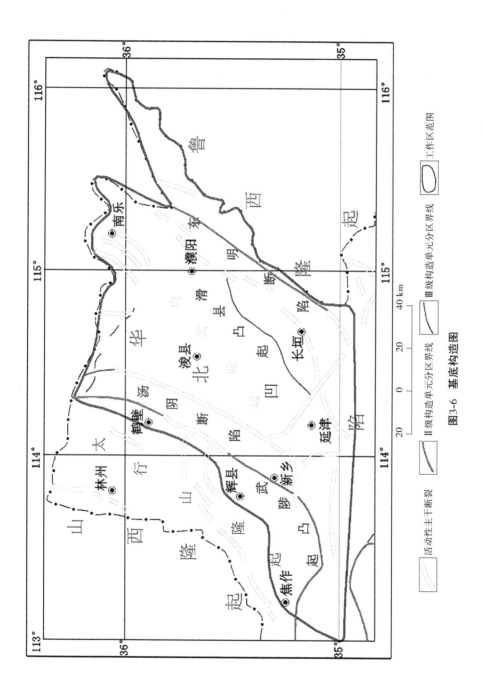

图3-6 基底构造图

域与地震活动密集区也具有一定的对应关系。

　　综上所述,河南北部平原发育的断层均属于正断层,地表倾角多为 50° ~ 70°,多数断层未深切穿岩石圈;从活动性断裂与地裂缝在平面展布的规律来看,两者走向具有一定的一致性或相似性,在一定程度上来说为地裂缝的发育提供了孕裂条件。

第四章　河南北部平原
地裂缝启裂条件

地裂缝的启裂条件及其作用机理是揭示地裂缝成因本质的关键问题之一,地裂缝孕育于一定的地质背景、地层环境、应力环境之中,在长期缓慢的变化过程中,因某些因素突变,如应力应变累积、地震活动、地下水抽采、地表水入渗等,而使在一定深度和范围内的土体持力性质发生弱化,破裂活动被较大规模、较大速度地启动并扩展,最终在地表显化,这些因素构成了地裂缝的启裂条件。一般认为,岩土体是一种有缺陷的自然介质,存在天然节理裂隙,在孕裂场作用下,这些随机存在的节理裂隙发生定向排列甚至贯通,形成某一条(组)优势破裂面,当一定条件成熟,发生开启作用,从而使裂缝得以扩展。因地区间的差异,造成地裂缝启裂条件的不同,对于豫北地区而言,其启裂条件主要表现为活动断裂、古河道、地表水和地下水等方面,需要从启裂力源、强度、过程、机理及模式等问题逐一展开分析。

第一节　基底构造孕裂机理

中生代以来(印支运动),中国大陆东部构造格局发生了深刻变化,在近EW 向的引张应力场作用下,华北盆地边缘收缩断裂由挤压转为引张状态,多组高角度正断层控制了地垒式或盆岭式构造。伸展构造是基于基底活动而言的,其本质是在应力场条件下基岩与盖层之间的垂向、侧向(EW 向)的分异过程。基底伸展变形必然会对上覆地层造成抻拉作用而形成区域性破裂,本书将从以下方面探讨基岩伸展活动造成的地裂缝孕裂机理。

一、基底构造分析

根据相关地质剖面资料,可以将豫北基底特征概括如下(基底构造如图 4-1 所示):其一,表层伸展。河南北部平原广泛发育着高角度正断层,地表倾角多为 50°~70°,深部趋于平缓(30°~40°),多数断层未深切穿岩石圈。重力作用在孕裂过程中起着重要作用,它与区域应力场形成叠加效应,促进地壳横向伸展或地垒纵向传导。重力失稳可以发生在不同阶段,引起底劈、伸展性重力滑动、重力扩展等孕裂作用。其二,差异伸展。有关计算表明,整个大华北盆地新生代伸展为初始宽度的 10%～30%,如此巨大的伸展量必然造成走滑断层或平移断层,以调节伸展作用造成的应变和能量,如豫北地区 NW 向的清丰断裂以及 NS 向的汤东断裂、汤西断裂等,这些断裂多为继承基底断裂重新活动(也有新生断裂)。

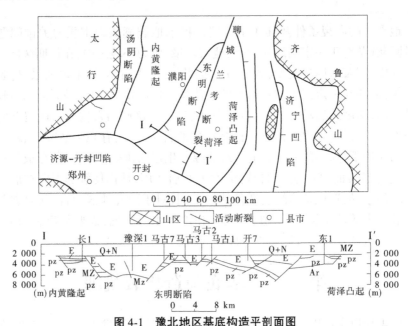

图 4-1　豫北地区基底构造平剖面图

二、基底孕裂机理分析

基底的孕裂机理主要表现在两个方面:一方面,它是基底伸展过程;另一方面,它是盖层自重作用过程。从而可将豫北地区基底伸展的孕裂机理概括如下:其一,从微观机理来看,土体抗拉强度相对较低,近 EW 向的拉张应力场为其提供了孕裂基础。在持续拉张效应下,由于土体的抗拉强度相对较低,这种应力状态进而发展为地裂缝的产生。其二,从孕裂周期来看,基底孕裂造成的地裂缝往往短期内不会重现,在实际调查过程中发现,许多地裂缝具有偶现、休止,甚至消亡的特征。究其原因,主要是孕裂行为造成土层破裂,意味着应变能的释放与松弛,短时间内不易形成应力集中。所以这种类型的地裂缝一般规模不大,向下延伸不会通达断裂。其三,从孕裂过程来看,可以将这一机理的演化分为三个阶段,即原始阶段、断裂阶段、裂缝阶段。在上覆地层自重作用下达到应力平衡状态,基底伸展造成地表的拉张破坏形成半地堑构造,为地层的沉积建造提供了空间条件;基底伸展活动由强转弱,当某一范围内的应力积聚到一定极限时,形成地裂缝。

综上所述,河南北部平原基底具有表层伸展性和差异伸展的特征;其基底的孕裂机理主要表现在基底伸展过程、盖层自重作用过程两个方面。

第二节　断层活动错裂机理

根据大量观察、揭示、试验等资料,表明构造型地裂缝与活动断裂有着密切联系。断层对上覆土层的破坏可以分为聚变造成的地震活动及蠕变造成的地裂缝等灾害(李树德.活动断层分段研究[J].1993)。断层的位置、状态、活动强度、活动周期对地裂缝的生成、扩展起着错裂作用。所谓错裂作用,就是在断层活动的影响区内,由断层上下两盘相对错动造成断层附近及上覆地层遭受剪切破坏而扩展成缝的规律。

一、断层模型分析

研究表明(李树德.活动断层分段研究[J].1993),断层活动的错裂形式在不同性质(如砂土、粉土、黏土等)的土层中的破裂传播方式(如传播的长度、宽度、速率、轨迹)是不同的,断层活动的速率也左右着地裂缝的发展趋势,可见断层活动对上覆地层造成的剪切破坏模式与断层活动特征(速率、位移等)及上覆土层的力学性质相关,因此研究断层活动对地裂缝的错裂机理,需要从两者的力学关系上做细致区分。

针对河南北部平原断层活动的特点(以正断层为主),将断层活动与地裂缝启裂关系做以下规律性总结。在正断层方面,断层活动可以分为陡倾、缓倾、隐伏三种状态:①陡倾。陡倾断层倾角近直立[见图4-2(a)],断层位移在水平方向上的分量远小于垂直分量,因此水平拉张影响范围较小、破裂路径长度较短,形成伞状或爪状裂缝。②缓倾。缓倾断层的倾角由近地表的陡立向深部逐渐变缓,在上盘存在一个楔形张裂区[图4-2(b)],形成阶梯状反倾(相较于主断层)裂缝,随着上盘错裂活动强化,下盘在一定范围也会出现正倾裂缝,依材料力学理论分析(孟繁钰.地裂缝扩展方向及影响带宽度研究[D].2011),其面积约等于水平拉张面积。③隐伏。在豫北地区较多发育,隐伏断层并未通达地表[见图4-2(c)],其活动对于上覆地层影响为小规模的张裂,在地表或近地表"陡变区"形成细小裂缝,在一定情况下(如断层活动加速、表水长期入渗等),则有可能贯通到断层。

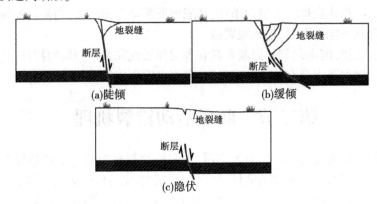

图4-2 豫北典型断层与地裂缝错裂状态

由此可见,隐伏断层在豫北地区较多发育,断层活动造成的地裂缝错裂形态以区域的形式存在于上、下两盘(上盘优于下盘)。

二、断层试验分析

断层模型试验的研究旨在研究破裂范围、破裂轨迹、破裂过程等方面与断层活动之间的关系(陈立伟.地裂缝扩展机理研究[D].2007)。

其一,关于破裂区的研究。物理模型试验发现,地裂缝的破裂范围与活动断层的埋深、倾角、位移量以及覆盖层的厚度、力学特性等因素相关,其中断层因素最为直接(赵雷,李小军,霍达.断层错动引发基岩上覆土层破裂问题[J].2007)。破裂区分布于上、下两盘,由主裂缝和细小裂缝组成,主裂缝平行于断层走向,而细小裂缝呈龟裂状展布于破裂区范围内。随着断层位错加大,破裂区在固定范围内有所扩展。

其二,关于破裂轨迹的研究。试验表明断层活动方式、应力传播介质(上覆土体)的不同会造成不同的传播轨迹。在正断层方面,上覆地层受到剪切作用,主裂缝由深部断层向上发展至地表,上盘主裂缝倾向与断层倾向相对并趋向地表,下盘主裂缝形成于后,受到拉张应力而由地表垂直向深部延伸(见图4-3)。在主裂缝经过遭受形变的地层时,该区域集中出现细小裂缝,说明地层力学特性的突变(如粉质黏土层与砂层交界)对地裂缝的次生起到一定作用。

其三,关于破裂过程的研究。根据破裂区的发展特点,可以将错裂过程分为雏形阶段、增生阶段、增宽阶段、成型阶段四个阶段。在雏形阶段,破裂区形成细小裂纹,这是由于底部传递而来的拉应力最易在地表得以释放,为主裂缝的雏形,以上盘主裂缝的显化为标志;在增生阶段,雏形阶段形成的细小裂缝数量急剧增加,上盘主裂缝地表逐渐贯通成线状,下盘主裂缝拉张并在一定范围内延伸;在增宽阶段,随着断层活动的不断加大,裂缝的宽度也不断被拉宽,张开量随断层位错的增加而增加,但增加幅度逐渐减小,最终趋于稳定;进入成型阶段,地裂缝的范围基本确定,范围内的裂缝以灾变特征显现(见图4-4)。

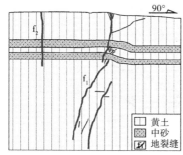

图4-3　断层活动物理模型试验剖面素描图及实物图

(陈立伟,地裂缝扩展机理研究[D].2007)

三、错裂机理分析

试验表明断层活动造成的地裂缝错裂机理具有某种特定规律,欲揭示其错裂的一般特征,需要从错裂要素、力学机理,并结合华北平原断层活动特点进行分析。

其一,错裂要素。断层活动的错裂因素主要包括断层属性(倾角、断面、位错速度)、盖层属性(厚度、强度),这些要素的共同作用促成了土体成熟的破裂条件而形成地裂缝。许多研究资料表明,土体从稳定状态到破裂失稳状态,地应力的释放是关键因素(孙萍.黄土破裂特性试验研究[D].2007),其破裂准则可以表示为以下公式:

$$\tau = \mu\sigma_n \tag{4-1}$$

式中:τ为裂缝面剪应力;μ为摩擦系数(强度);σ_n为法向应力。

可见,对土体所处的构造应力场的判断是至关重要的。

其二,力学机理。一般情况下地裂缝表现以水平拉张和垂直位错为主。在地质环境中,土体处于一定的构造应力场中,隐伏其下的断层活动造成局部应力的变化,在上盘和下盘产生水平拉张应力、垂直作用力、扭转作用力,几种

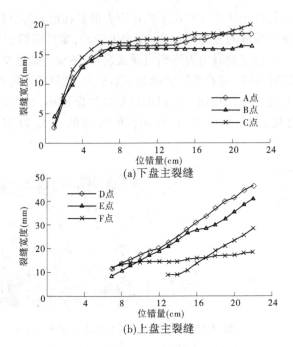

(a)下盘主裂缝

(b)上盘主裂缝

图 4-4　地裂缝张开量随断层位错量关系曲线

(陈立伟,地裂缝扩展机理研究[D].2007)

作用耦合在一起使土体发生剪切、拉张等破坏作用。值得注意的是,土层的厚度及性质对断层应力的释放起着传播、消减的作用,并控制着地裂缝的夹角、形态、范围。

其三,破裂范围的公式表达。根据对河南北部平原地裂缝发育区正断层活动情况的统计,断层在近地表处的倾角>60°,这种错裂行为近似于断裂力学中的滑开型破裂,即裂纹受平行于裂纹面且垂直于裂纹前缘的剪应力作用。其破裂扩展角 ψ 满足以下公式:

$$3\cos\psi - 1 = 0 \tag{4-2}$$

根据式(4-2)可以求得 $\psi = 70.5°$,即隐伏近垂直断层活动造成的上盘地裂缝与水平夹角约为 70°。其破裂范围与土层的厚度(应力传播长度)相关,假定土层厚度为 h_s,则上盘破裂范围 L_u 为

$$L_u = h_s \cot\psi \tag{4-3}$$

一般而言,断层的倾角是随深部变化而变化的,其上、下盘的裂缝有一定范围的转折,尤其在下盘,地裂缝出现的规律较为复杂,但从可能出现的破裂

范围来看,下盘破裂范围 L_d 可近似地由近地表断层倾角来确定:

$$L_d = h_s \cot\theta \tag{4-4}$$

总破裂范围为

$$L = L_u + L_d = h_s(\cot\psi + \cot\theta) \tag{4-5}$$

若取土层厚度为 100 m,则估算断层活动造成的地裂缝破裂范围约为 54.0 m。由于地层变化的复杂性,破裂范围对不同地区的地裂缝或特定地裂缝的不同地段也有不同表现。

综上所述,断层活动造成的地裂缝错裂,上盘优于下盘;在隐伏断层中其破裂范围与土层厚度关系密切。

第三节 水体活动渗裂机理

对于特定区域地裂缝而言,水体因素参与地裂缝的形成是毋庸置疑的,由于河南北部平原区内地表主要由粉土、粉质黏土、粉砂等组成,透水性一般较好,一次降水所引起的潜水位上升幅度较大。但是,降水可增大岩土体重力,甚至形成孔隙水压力,降低岩土体强度,从而触发地裂缝灾害的发生。

一、水体因素分析

河南北部平原水体因素主要包括地下水、地表径流水以及人类改造使用的各种水(水库、水渠、河道)等,其中以地下水的抽采与地裂缝关联性最强。

(一)地下水赋存情况

古生代以来,地壳运动以隆升为主,在此之前漫长的沉积裸露期为地下水的赋存、流动创造了良好的条件(如断裂、裂隙、降水等)。平原区地下水主要由黄河、海河两大水系冲积而成,包含在碎屑岩贮存空间内,由于构造运动、河道变迁、古地貌变化造成地下水贮存空间形态多变,在纵向上具有粗细相间的多层结构(如图4-5所示)。

按河南省地质和水利部门长期以来形成的共识,将赋存于第四系地层中的浅层和中深层孔隙地下水分别称为浅层地下水和深层地下水,两含水层之间经常有一层比较稳定的区域性黏土、粉质黏土层分布。

1.浅层地下水

浅层地下水包括潜水和微承压水,埋藏在潜水面以下 40~160 m 深度内(见图4-6)。其含水介质为第四系全新统贮水地层,由山前向平原、由黄河河床向两岸、由上游向下游,含水砂层颗粒逐渐变细,含水层单层厚度逐渐变小,

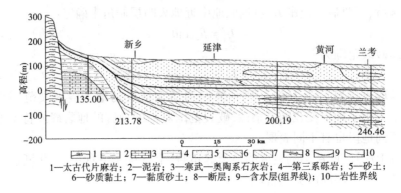

1—太古代片麻岩；2—泥岩；3—寒武—奥陶系石灰岩；4—第三系砂岩；5—砂土；
6—砂质黏土；7—黏质砂土；8—断层；9—含水层(组界线)；10—岩性界线

图 4-5　新乡—兰考水文地质剖面图

层数逐渐增多,单井涌水量由大变小,为 5 000～300 m³/d。在内黄、滑县、新乡、太行山山前地区,其岩性主要为粉砂土、粉质黏土、黏砂砾石、中细砂,局部地区为中细砂、粉细砂夹粉土、粉质黏土。

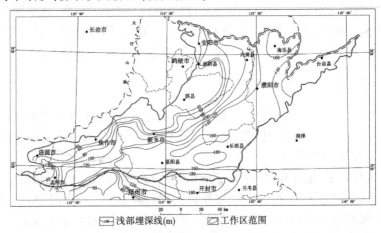

<u>──180</u> 浅部埋深线(m)　　☐ 工作区范围

图 4-6　浅层地下水层底板埋深等值线

　　浅层地下水动态变化规律:根据 1972 年以来区域地下水动态监测资料分析,在豫北的南乐、清丰、内黄、滑县、温县等地,浅层地下水位呈持续下降趋势,虽然每年都有丰枯水期的高低水位,但后一次丰水期的水位高点一般都低于前次的水位高点,遇特丰水年,汛期地下水恢复水位高于前期水位高点,但仍改变不了多年持续下降的特征(高淑琴.河南平原第四系地下水循环模式及其可更新能力评价 [D].2008)。浅层地下水动态变化历史曲线见图 4-7。

　　2.深层地下水

　　深层地下水为承压水,含水层底板埋深为 100～400 m(见图 4-8)。深层

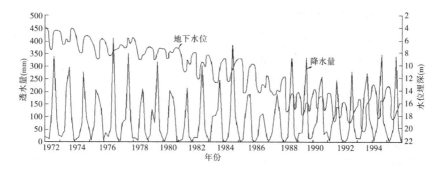

图 4-7　浅层地下水动态变化历史曲线

（高淑琴.河南平原第四系地下水循环模式及其可更新能力评价[D].2008）

地下水含层,岩性主要为较密实或半胶结的细砂层和黏性土。水质及富水性均较好,含水介质颗粒由西部向中部逐渐变细,单井涌水量为 300~1 000 m³/d。在内黄、浚县、长垣、开封至太行山山前地区,含水介质主要为西部太行山区的冰水—冲湖积物,厚度一般为 60~120 m,最厚可达 200 m。其岩性为灰绿色、棕黄色粉质黏土层、粉土及含砾中粗砂或含砾泥质粗砂。砂砾石分选差,呈棱角、半棱角状,地下水亦较丰富;在濮阳、范县、台前一带,含水介质主要为东部的冰水—冲湖积物,厚度为 120~160 m。其岩性为黏性土夹多层含砾粗中砂、细中砂、中细砂富水性和导水性较好,单位涌水量 4~6 m³/(h·m)。

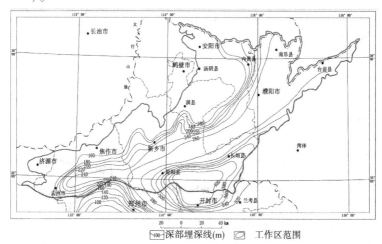

图 4-8　深层地下水层底板埋深等值线

(二)地下水开采情况

华北平原属于半干旱地区,年降水量在 600～800 mm,豫北地区 6 个地级城市中有安阳市、新乡市、焦作市等地市以地下水为城市主要供水水源,供水比率大于 60%。由于地下水过量开采,导致其水位持续下降,形成水位下降漏斗,地下水资源衰减。如安阳市、新乡市、濮阳市等城区地下水位埋深已达 20～55 m,成为严重缺水城市,随着降水的逐年递减、地表径流的枯竭、工业生活用水的增加,造成地下水开采形成了面积不等的地下水降落漏斗。

根据《河南省 2013 年水资源公报》,截至 2013 年末河南平原区浅层地下水位与上年末相比,平均下降 0.89 m,其中海河流域降幅约 0.51 m,黄河流域降幅约 0.12 m。下降区主要分布于太行山前平原、濮清南漏斗、温孟漏斗区、长垣、延津等市(县);上升区主要分布于濮阳—台前一带引黄灌区,其他区域大多属稳定区。由于地下水位下降,全省平原区地下水储存量相应减少 28.0 亿 m^3,海河流域、黄河流域分别减少 3.6 亿 m^3 和 5.5 亿 m^3。地下水超采造成的地下水亏空较多,在豫北地区形成了大量的地下水降落漏斗,其中安阳—鹤壁—濮阳漏斗区面积为 6 960 km^2,漏斗中心水位埋深为 41.59 m;武陟—温县—孟州漏斗面积 600 km^2,漏斗中心水位埋深为 26.3 m;新乡凤泉—小冀漏斗面积 155 km^2,漏斗中心水位埋深为 17.70 m。

2013 年全省人均用水量 256 m^3,较 2012 年有所降低,农田灌溉亩均用水量 195 m^3。城市用水按行政分区,新乡、焦作、安阳、鹤壁等市以地下水源供水为主,地下水源占其总供水量的比例在 50% 以上;而濮阳、济源则以地表水源供水为主,地表水源占其总供水量的比例在 50% 以上。

由于各市水源条件、当年降水量、产业结构、生活水平和经济发展状况的差异,其用水量和组成有所不同。根据《河南省 2013 年水资源公报》,豫北地区 6 市除鹤壁市外,人均用水量均大于 300 m^3,其中濮阳市最大为 488 m^3,其次为焦作市为 384 m^3、济源市为 367 m^3。安阳、鹤壁、濮阳、新乡农林渔业用水占总用水量的比例相对较大,在 60% 以上。焦作和济源等市工业用水相对较大,占总用水量的比例超过 25%(见表 4-1、图 4-9)。

(三)地下水位变化对地裂缝活动的影响

地裂缝的集散程度并没有受控于地下水的开采程度。从地裂缝发育情况来看,地裂缝并没有集中发育在地下水集中开采的漏斗区,如本次调查在武陟—温县—孟州漏斗区和新乡凤泉—小冀漏斗区内并未发现地裂缝灾害分布。从浅水位变化规律来看(见图 4-6)河南北部平原浅层地下水位呈持续下降趋势,但是从地裂缝的发生时间来看,地裂缝主要集中在 1976～1978 年,并且呈现逐年递减的趋势,由此来看地裂缝并没有随着地下水位的持续下降而增加。这说明河南北部平原地下水的变化并不是地裂缝发生发展的主导因素,但并不排除它对地裂缝发生的加速作用和与诱导作用。

表 4-1　2013 年河南北部平原行政、流域分区水资源量

分区名称	降水量 （mm）	地表水资源量 （亿 m³）	地下水资源量 （亿 m³）	地表水与地下 水资源重复量 （亿 m³）	水资源总量 （亿 m³）	产水 系数
安阳市	594.6	3.536	7.675	1.458	9.753	0.22
鹤壁市	622.0	0.961	2.459	0.386	3.033	0.23
新乡市	592.6	4.770	10.151	2.094	12.827	0.26
焦作市	582.7	2.946	5.094	0.728	7.313	0.31
濮阳市	564.2	1.754	5.872	1.905	5.721	0.24
济源市	541.9	1.899	1.916	1.177	2.638	0.26
海河流域	685.5	7.842	17.880	3.740	21.982	0.21
黄河流域	558.8	32.361	35.038	17.613	49.786	0.25

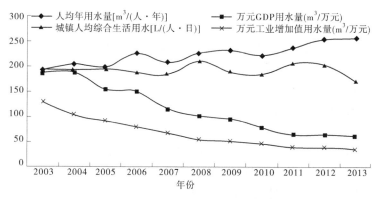

图 4-9　2003~2013 年河南北部平原用水指标变化趋势

二、地面沉降分析

地面沉降是一种以地面下沉变形为主要特征的地质灾害,也往往与地裂缝灾害相伴生,其成因主要有构造下沉、土层压缩、地震等假说,其中地下水抽采、石油开采等人为活动因素是最为普遍的要因。根据《河南省 2013 年水资源公报》,长期以来河南北部平原地下水超量开采,已经形成多个沉降漏斗中心且不断扩大、联合,成为沉降面积最广、沉降幅度最大、成因类型最复杂的地区(见图4-10)。

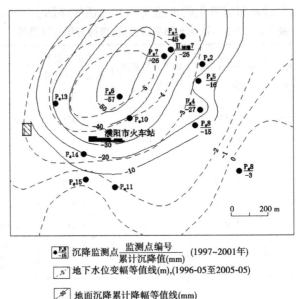

沉降监测点 $\dfrac{监测点编号}{累计沉降值(mm)}$ (1997~2001年)

地下水位变幅等值线(m),(1996-05至2005-05)

地面沉降累计降幅等值线(mm)

图4-10　濮阳市浅层地下水位与地面沉降相关分析

研究区内地面沉降量较大的区域主要集中在濮阳市、安阳市、新乡市及其周边地区,地面沉降量10~60 mm,其他地区地面沉降量相对较小。区内地面沉降的产生主要与过量开采地下水有关,如濮阳市区一带(见图4-10),地下水允许开采量6 400万 m³/a,而目前地下水的实际开采量已达13 000万 m³/a,超采6 600万 m³/a,属严重超采。1996年对该市300 km² 地面沉降进行监测,年均沉降速率10 mm/a,最大沉降速率20 mm/a。

总的概括来说,豫北地区地面沉降具有以下特点:

(1)沉降量的分区性:豫北地区地面沉降具有沿地貌单元分区分布的规律,山前冲洪积平原处于太行山抬升、河南北部平原地面下沉的过渡带,基岩浅、堆积物薄,从而具有地下水位浅、补给快的特点,因而该区域地面沉降一般在40~60 mm。由图4-7可知,地面沉降的分区性与地裂缝的分布特征有所不同。

(2)与地下水抽采的关联性:从发生时间和沉降范围来看,地面沉降始现于20世纪70年代中后期,沉降范围则对应于深层地下水开采形成的降落漏斗中心,沉降速率一般小于20 mm/a;至20世纪80~90年代,随着中部、东部平原开采深层地下水的强度加大,降落漏斗的数量加大、面积扩展、速率加深,成为地面沉降发生的骤变阶段;自2000年以来,随着地下水资源的有效保护,地面沉降有所缓和。从第四系地层岩性和结构来看,豫北地区广泛分布着黏性土、砂性土,山前平原黏性土、砂性土,这种岩性结构及组合对地面沉降的发生至关重要。

(3)与地裂缝的伴生性:通过地面沉降形成的主要原因可以看出地面沉降主要为深层的第四系黏性土释水压缩。一方面地面沉降速度缓慢,且在地表表现为区域性的连续缓慢变形,与地裂缝在地表表现出的突变性不同,因此河南北部平原地面沉降不是该区地裂缝形成的主要影响因素。另一方面由于过量抽取地下水使土层固结,地面沉降加剧了地表第四系土层活动量,使由构造形变而成的地裂缝加速形成和发展,并对其垂直变形产生一定影响。所以说地面沉降,对地裂缝的出现和加速发展起到了一定的诱发和促进作用,当然地裂缝的形成也促进了地面不均匀沉降的增强。在某些情况下,地裂缝与地面沉降是一种共存、伴生、共同发展的地质现象。地裂缝分布与地面沉降的关系见图4-11。

三、渗裂机理分析

渗裂机理是指在水体因素的作用下,直接或间接影响区域地层完整性而破裂的各要素之间的关联机理,它的本质实际上是反映了土(岩)体对地下水位变化的不均匀沉降响应表现。本书主要从抽水渗裂机理方面进行分析。

地下水开采造成的地裂缝是一个耦合了多种因素及步骤的过程,相关试验及数值分析表明(刘红云.抽水引起含水层水平运动及与地裂缝的关系研究[D].2007),地下水运动造成的地层变形既有水平方向的拉张,又有垂直方向的压缩,在地质构造不同的区域具有不同的表现形式。

首先从动力因素来看,涉及地裂缝的驱动力包括非液压力(如重力、构造力)和液压力(如静孔隙水压力、地下水流动引起的动压力及毛细力),这些驱动力在一定机理下耦合并以渗透力的作用形式出现,从而促使含水层运动。单位体积内的渗透力 F_b 为

$$F_b = (\rho g/K)q_b \tag{4-6}$$

$$q_b = n\boldsymbol{v}_w + (1-n)\boldsymbol{v}_s \tag{4-7}$$

式中: ρ 为水的密度; g 为重力加速度; K 为含水层电导率张量; n 为饱和含水物质的孔隙度; $\boldsymbol{v}_w$ 和 $\boldsymbol{v}_s$ 分别为水的速度矢量和构成骨架结构的固体颗粒的速度矢量。

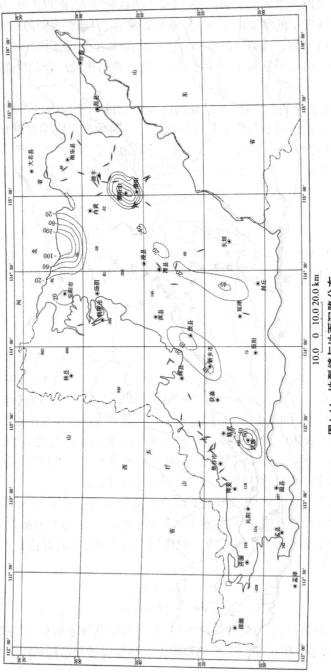

10.0　0　10.0 20.0 km

图4-11　地裂缝与地面沉降分布

其次从作用过程来看,随着抽水活动的开始,液压力使得含水层物质水平和垂直运动,同时含水层运动也会在上覆黏土层产生不均匀沉降。反过来,这种变形在某个区域产生拉张剪切带,即潜在破坏区;随着抽水活动持续进行,这一潜在破坏区随含水层运动进一步向上延伸,含水层物质累积移动到排水井,激活的拉张带会移动到上覆土层形成隐伏的裂缝;深部有一定长度和张开度的地下裂缝一旦形成,在某种诱发因素条件下,最终出露于地表裂缝,诱发因素之一是由潜在破坏区或地下裂缝处孔隙水压力的突然增加导致,如人工灌溉、强降雨等。

综上所述,地裂缝的集散程度并没有受控于地下水的开采程度和浅水位的持续下降,但并不排除它对地裂缝发生的加速作用和诱导作用;地面沉降,对地裂缝的出现和加速发展起到了一定的诱发和促进作用,但不具主导作用;人工灌溉、强降雨对地裂缝的发生具有诱发作用。

第四节　古河道陷裂机理

一、古河道埋藏分布分析

河南北部平原古河道带呈西南—东北向展布。受新构造差异运动的影响,黄河长期在该区泛滥改道,形成了砂层厚度大、分布密集的古河道带。据统计,由分布密集、粗粒砂层超过 15 m 的大型复合砂层透镜体所组成的浅埋古河道带,宽度达 50~80 km,埋深一般为 3~20 m,这些古河道呈东南—西北方向展布。在河南北部平原上,除了历史时期所形成的地面,古河道还能直观地为人们所认识,大部分古河道已被埋藏起来形成埋藏古河道(主要古河道分布如图 4-12所示),占平原区面积 70%以上(包括泛河道和陡河道)。河南北部平原古河道带结构松散,孔隙度大,透水性与连通性均好,利于地表水对浅层地下水的补给,其浅层地下水富水带的分布范围及总趋势与古河道带的分布基本一致。

古河道的分布情况对地裂缝的形成及形态再造具有一定的影响,从实地调查来看,与古河道相关的地裂缝具有以下几个特征:

(1)地表可见塌陷坑、张裂缝等现象,走向及位置与古河道方向大致相同,且陷落程度不深,延伸较短,如滑县地区部分地裂缝。可见地裂缝可发生于古河道的河床和河心突变相对应的上覆地层中,埋藏古河道的地下形态、位

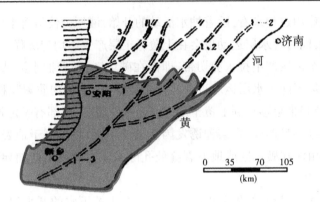

1—晚更新世末(浅埋古河道);2—早全新世(浅埋古河道);3—中全新世(地面古河道)

图 4-12 河南北部平原浅埋及地面古河道分布概况

(吴忱,等.华北平原古河道研究[M].1991)

置、走向对地裂缝的形成具有控制作用。

(2)地裂缝线性形态不集中,常见多走向组合,如滑县、南乐县地区地裂缝,仅某一处地点就可以见到 NEE80°、WSS230°、SE140°等多条地裂缝,且长度较短,而此处位于黄河古河道(西汉时期)的决口区,形态复杂,相应地,地裂缝形态也呈多变之态。古河道具有古决口扇、古河槽、古河漫滩、古自然堤等多种微地貌体,这些微地貌直接影响了地裂缝最终在地面上的出露形态。

(3)地裂缝常发现于地下水抽采较为严重的区域,或发现于强降雨时期,说明古河道沉积物(如粉砂、细砂)的集水性质也是地裂缝启裂过程的重要因素。

二、古河道陷裂机理分析

从空间分布来看,古河道是贯通山区与平原、覆盖面广泛的地貌类型或地质实体,由于河道迁移、决口、泛滥、断流等客观演化或人为改造,其具有多种形态结构(包括地表形态及埋藏形态),如在洪冲积山麓冲积扇平原区为扇状(濮阳)、在冲积平原区为平行状、在东部平原为辐射状,这为该类型地裂缝的发育提供了孕裂场所。从物质组成来看,河南北部平原古河道的沉积物质由各种砂砾石组成,孔隙大、渗透性强、径流条件好,具有很强的富水性。据对黄河古河道带的观测表明(王文楷,等.1990),有80%~90%的降水可直接渗入地下,尤其是古河道带的粉砂—细砂层极利于降水的大量渗入。黄河北岸的引黄灌溉及很多地区的高定额灌溉,对地下水尤其是古河道地下水补给量很大,如人民胜利渠灌区一次淤灌后,可使地下水位抬升0.7~1 m。豫北地区西北部滑县—浚县古河道带之上的小滩坡、长虹渠、白寺坡等滞洪区对古河道带补给作用强烈。河南北部平原古河道在剖面形态上具有中心部位砂层厚度大、颗粒粗、富水性很强的特点,两侧沉积物逐渐变为黏土、亚黏土及淤泥层夹薄层带,其富水性也明显减弱这一特性。从而造成河道与河床沉积物质的差异,地裂缝的形成正是这一差异在地表的显现。

从力学过程来看(见图4-13),古河道的形成是河道变迁因素造成的,也意味着它所形成的地貌条件对水体的变化具有敏感特征,与之相关的启裂方式包括集水启裂和抽水启裂两种模式。

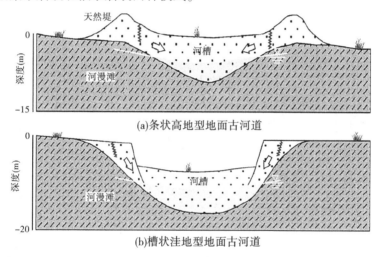

图 4-13　河南北部平原古河道陷裂机理

在地面古河道方面,条状高地型地面古河道实际为"地上悬河",河道内的砂沉积层出露于地面,受降水、径流等水体因素影响,能够迅速地汇集于河道内并暂存于底部,水体的渗透增加了河道内地层含水率,加大了自重力,从而牵动两侧(天然堤位置)区域向河道中心拉张而形成裂缝;槽状洼地型地面古河道具有同样类似的集水启裂模式,相较于前者其集水、渗水能力更强,影响区域可以扩展至河床一定范围,地表水活动对河床的侵蚀形成串珠状塌陷裂缝。在浅埋古河道方面,地表水入渗、地下水抽采都可以在河道附近区域形成裂缝。需要指出的是,由于古河道的剖面形态是复杂多变的,如砂层厚度、河道变向等,从而造成地面裂缝走向的不一致。

地裂缝分布与古河道的分布见图4-14。

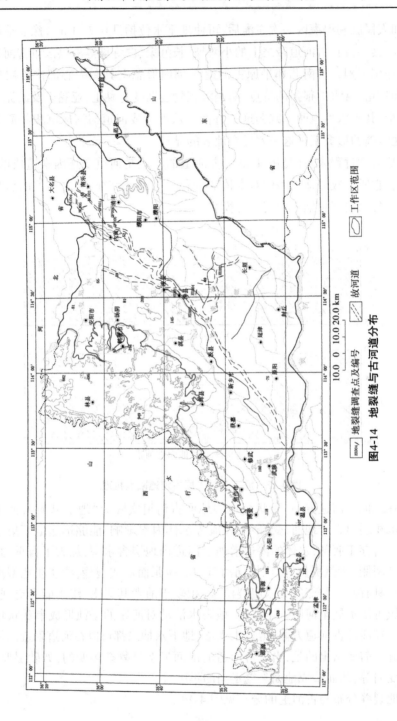

图4-14　地裂缝与古河道分布

综上所述,河南北部平原古河道多为埋藏古河道,河南北部平原古河道在剖面形态上具有由中心向两侧沉积差异明显的特性,这为地裂缝的形成提供了可能性;抽水和集水加剧了地裂缝的发展。

第五节　采矿活动塌陷机理

豫北地区蕴藏着丰富的地下能源、矿产资源,如石油、天然气、煤炭等,矿物资源存在于天然的应力环境之中,人为的采掘活动势必造成原有局部应力场分布状态的加速改变,造成地面灾害效应。随着城市联动、城乡结合的发展需求,人类生存、生活、生产空间向地下、地上、跨区域兴建,地下工程、高空工程、宏观工程应运而生,使原本脆弱的工程地质条件承受着更大负载,造成一系列新的地质灾害问题,如岩层冒落、坍塌、地裂缝、地面塌陷等。据相关统计,自1949年以来,中国累计采煤约380亿t,影响面积达90万hm以上(全国塌陷系数约0.24 hm/万t),且这一数字以2 hm/a的速度增加。豫北地区为重要的煤炭资源基地,地面塌陷灾害问题主要集中在鹤壁市、焦作市等煤矿集中开采区。

一、矿山开采活动基本概况

河南北部平原采矿活动主要集中在鹤壁市和焦作市,现对矿山开采情况简述如下。

(一)鹤壁市矿山概况

鹤壁市是以煤炭开发而兴建的新兴城市,全市煤炭资源储量累计探明11.42亿t,截至2000年底,保有储量有9.09亿t。鹤壁煤业(集团)有限责任公司先后共建10对矿井,这些矿井的保有储量6.976亿t,可采储量3.246亿t,2010年产量为581.6万t。

鹤壁煤矿主采煤层为二叠系山西组二$_1$煤层,开采煤层深度范围为-195～-400 m。二$_1$煤层顶板以泥岩、砂质泥岩为主,厚1.00～14.94 m,细粒砂岩和炭质泥岩次之。根据对二$_1$煤层顶板岩石力学样试验结果统计分析,顶板泥岩、砂质泥岩的自然抗压强度为45.20～55.75 MPa,属半坚硬—坚硬、具有弱软化性的岩石;二$_1$煤层的直接底板以泥岩和砂质泥岩为主,细粒砂岩和炭质泥岩次之。根据对二$_1$煤层底板岩石力学样试验结果统计分析,底板泥岩、砂质泥岩的自然抗压强度为48.22～49.72 MPa,属半坚硬—坚硬、具有弱软化性的岩石。

根据《河南省鹤壁市地质灾害调查与区划报告》(2007年),鹤壁市第四系覆盖层岩性以棕红色、褐红色粉质黏土为主,厚1~30 m,分布连续相差,天然状态下,结构较为致密,呈硬塑、坚硬状,裂隙较发育,局部具弱胀缩性,为地裂缝灾害的发育提供了良好的地质条件。

(二)焦作市矿山概况

焦作市煤矿开采的历史悠久,可以追溯到明朝,19世纪中叶英国开始在焦作大规模开采煤矿。中华人民共和国成立后,焦作市作为全国重要的优质无烟煤生产基地进行建设,因此也成为全国著名的"煤城"。在20世纪90年代煤炭开采鼎盛时期,全市煤炭年产量达到1 019×10⁴ t,目前煤炭年产量仅有600×10⁴ t左右,生产矿山主要分布于焦作市北东部。

焦作市含煤地层为山西组,山西组地层厚度为84.80~97.45 m,平均厚92.98 m,下部含一煤(即二₁煤层),深80.00~780.00 m,二₁煤层为全区可采煤层。二₁煤顶板为灰色、深灰色细—中粒砂岩(俗称大占砂岩),一般厚度为23.00 m左右,有时相变为砂质泥岩。在多数情况下,有一薄层泥岩为作二₁煤的伪顶而出现,伪顶和顶板砂岩的关系具有相补偿的特征;底板为灰黑色泥岩及砂质泥岩,致密细腻。综上所述,本区二₁煤层直接顶板为砂质泥岩和泥岩,抗压强度较高,裂隙不发育。二₁煤层底板为泥岩或砂质泥岩,为不易变形中硬度底板。

根据《河南省焦作市地质灾害调查与区划报告》(2007年),焦作市第四系覆盖层岩性以坡积—洪积层,粉土、粉质黏土为主,覆盖层厚度一般为41.30~758.1 m,平均厚230 m,有由西北向东南逐渐增厚的趋势。土体密实程度中等,垂直节理、裂隙发育,也是地裂缝等地质灾害赖以发生的松软地层岩性。

二、采矿活动塌陷特征分析

从野外调查来看,目前所发现的塌陷裂缝构成因素主要为采空区。矿山开采,主要是煤矿开采,形成地下采空区,是造成区内地面塌陷主要根源。据《焦作市地质灾害防治规划》(2003~2015年),焦作市现有采空区99.8 km²。据《鹤壁市地质灾害区划报告》(2007年),鹤壁65处塌陷,全是因采矿活动造成的采空塌陷,其中采煤引起的塌陷64处,采铁引起的塌陷1处,全市塌陷区面积135.46 km²。

随着我省国民经济的发展,地下采矿活动的持续进行,地下采空区有进一步扩大的可能性。由于地下矿石开采后,会在岩体内部形成一个空洞,使其天然应力平衡状态受到破坏,引起应力重新分布,产生局部的应力集中。当采空区面积较大,围岩强度不足以抵抗上覆岩土体重力时,顶板岩层内部形成的拉张应力超过岩层抗拉强度极限时产生向下弯曲和移动。进而发生断裂、破碎并相继冒落。随着采空范围不断扩大。采空区顶板在应力作用下不断发生变形、破裂、位移和冒落,自下而上出现冒落带、裂隙带和下沉带,结果在地表形成地面塌陷。

地面塌陷区范围大于地下采空区范围,平面上分为中间沉降区、外围拉伸区和二者之间地带的应力挤压区三部分。其中,中间沉降区沉降速度及幅度最大,无明显地裂缝产生;应力挤压区下沉不均匀,呈凹形向中心倾斜;外围拉伸区下沉不明显,在拉张应力作用下,常形成张性地裂缝,即塌陷式地裂缝。

需要指出的是,采空塌陷地裂缝与其他类型地裂缝最大区别在于,前者为动态发展型裂缝,即随着采空进度的推进而逐渐扩张、扩势,这是因为地裂缝是非含采空地层与含采空地层之间相对位移产生的拉张破坏,而采空面积逐渐加大、上覆地层应力场也处于不断调整状态。在塌陷方面,它是塌裂演化的高级阶段,其灾害特征以大面积的纵深下陷圆形坑为主,伴随着裂缝的发生。塌陷坑可发生在较厚土层覆地区,也可以发生在较薄松散土层地带,塌陷坑的规模与采空的深度、面积、岩层、土层性质相关。由于塌陷是塌裂发展的最终阶段,塌陷坑的规模瞬间就可以形成,与塌裂缝相比具有瞬发性、频发性,往往构成事故的发生。

三、塌陷机理分析

(一)地面塌陷形成机理

地下采矿时,特别是采煤,回采过程中巷道及采空区的围岩支护是临时性的,不能制止上覆岩体的变形发展,使得松动带的半径和塌陷拱的高度发展很大,并在采空区上覆岩体中形成明显的三带,即冒落带、裂缝带和弯曲带(见图4-15)。它们都属于底下采掘所引起的上部覆岩的松动范围,称为采动区。当地下矿层被采出后,采空区在自重及其上覆岩层的压力下,产生向下弯曲和移动。当顶板岩层的拉张应力超过该层岩层的抗拉强度时,直接顶板首先发生断裂和破碎并相继冒落,接着上覆岩层相继向下弯曲、移动,进而发生断裂和断层。随着采矿工作面向前掘进,采动影响的岩层范围不断扩大,当矿层开采的范围进一步扩大到某种程度时,在地表就会形成一个比采空区大得多的盆地,从而危及地表建筑物和农田。

由于上覆岩层的采动,地面变形产生地面下沉盆地或开采塌陷盆地,它的

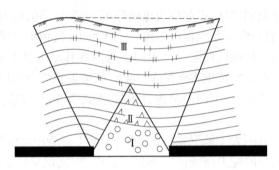

I—冒落带；II—裂隙带；III—弯曲带

图 4-15　采空塌陷形成机理

范围总是大于采空区的范围,按地面变形破坏程度不同,可划分为边界区、危险区与断裂区。边界区地面仅发生很小的下沉,一般不影响建筑物的正常使用;断裂区地面则发生一系列地裂缝,建筑物将破坏或倒塌。

(二)地面塌陷影响因素

1.矿产埋藏条件

矿产埋深愈大(开采深度愈大),变形扩展到地表所需的时间愈长,地表变形值愈小,变形比较平缓均匀,但地表移动盆地的范围加大;矿层厚度愈大,开采空间愈大,会使地表变形值增大;矿层倾角大时,使水平移动值增大,地表出现地裂缝的可能性增大,盆地和采空区的位置更不相对应。松散覆盖层的厚度及性质也影响裂缝的范围和大小。松散覆盖层越厚,地表变形值越小,但地表移动盆地范围加大。松散覆盖层主要为黏性土时,地表出现地裂缝的可能性增大。若松散覆盖层主要为粉土,则出现中小型地面塌陷陷坑的可能性增大。

2.地质构造条件

矿层倾角平缓时,盆地位于采空区正上方,形状基本上对称于采空区;矿层倾角较大时,盆地在沿矿层走向方向仍对称于采空区,且沿倾角方向偏移;随着倾角的增大,盆地中心愈向倾斜的方向偏移。岩层节理裂隙发育,会促使变形加快,增大变形范围,扩大地表裂缝区。断层会破坏地表移动的正常规律,改变移动盆地的大小位置,断层带上的地表变形更加剧烈。

3.岩性条件

上覆岩层均为坚硬、中硬、软弱岩石层或其互层时,开采后容易冒落,顶板随采随冒,不形成悬顶,能被冒落岩块支撑,并继续发生弯曲下沉与变形而直达地表,地表产生非连续变形。如覆岩中大部分为板坚硬岩石,顶板大面积暴露,矿柱支撑强度不够时,在采空区达到一定面积后,其上方的厚层状坚硬覆岩发生直达地表的一次性突然冒落,即切冒形变形,地表则产生突然塌陷的非连续变形。如覆岩中均为极软弱岩层或第四纪土层,顶板即使是小面积暴露,也会在局部地方沿直线向上发生冒落,并可直达地表,这时地表出现漏斗型塌陷坑。由此可知,地表第四纪堆积物愈厚,则地表变形愈大,但变形平缓均匀。

4. 采矿方法和顶板管理方法

采矿方法和顶板管理方法是影响围岩应力变化、岩层移动、覆岩破坏的主要因素。目前在煤矿应用较为普遍的方法有长壁垮落法、长壁充填法和煤柱支撑法等。其他矿种如铁矿、铝矾土矿,也大都采用长壁垮落法和长壁充填法。

长壁垮落法是目前采用的最普遍的方法,是覆岩破坏最严重的一种顶板管理方法。采用长壁垮落法管理顶板进行长壁工作面开采时,顶板岩层一般都要发生冒落和开裂性破坏,并在岩层内部形成"三带"。当深厚比较大时,能促使上覆岩层迅速而平稳地移动,地表下沉量达到最大,因而下沉系数也较大。

用长壁充填法采煤,对覆岩的破坏较小,一般只引起开裂性破坏而无冒落性破坏,能够减小地表移动量,并使地表移动和变形更为均匀。

煤柱支撑法管理顶板,一般是在顶底板岩层较坚硬的情况下采用。从影响覆岩的破坏来看,煤柱支撑法管理顶板有两种情况:一种是保留的煤柱面积较大,煤柱能够支撑住覆岩的全部重量,使其不发生破坏,如条带法、房柱法等;另一种是保留的煤柱面积较小,煤柱支撑不住顶板,如刀柱法等,当采空区扩大到一定范围后,刀柱被压垮,覆岩发生冒落和开裂性破坏。在煤柱未能支撑住顶板的情况下,覆岩破坏情况和最大高度几乎与长壁垮落法管理顶板的效果一样,地表下沉量明显增加。地表变形的范围与宽度有密切的关系。在煤层埋深不变的情况下,开采宽度越大,形成的地表影响越大。

(三) 地面塌陷与地裂缝伴生

从塌陷过程来看,地下矿床(或隧道)开始采掘后形成采空带(采空区以上区域),这一区域随着向地表的逼近,由于上覆地层具有一定的抗剪强度,可以抵消部分变形,沉陷距离逐渐减小;地表土层为内在不均匀介质,在其各部位产生的沉陷程度不同,尤其在采空带域非采空带边界区域,受到的水平拉张力最大,从而最易出现张裂缝,张裂缝的宽度、数量也随着沉陷作用的加深而强化。当开采活动终止以后,塌陷形成的裂缝变形并没有终止,而是持续一段时间后逐渐稳定。从其他因素来看,采空塌陷还会受到诸多方面的影响,如活动断裂、地下水波动等,在活动断裂附近的采空将促使沉陷作用加快、加剧发生形成线性地裂缝。

综上所述,地面塌陷灾害问题主要集中在鹤壁市、焦作市等煤矿集中开采区。地下采空区内部形成的过大的拉张应力是导致地表裂缝的主要内部原因,活动断裂、地下水等因素起到加剧地裂缝形成的外部条件。

第五章　典型地裂缝形成机理

地裂缝是一种普遍地质现象,其孕育、开启、发展和形成的演化链条受诸多因素差异性、阶段性的控制,因而其成裂过程是复杂的,即一方面具有一般性的现象特征,另一方面又具有不可复制性的演化形式。先前对地裂缝成因类型有动力控制型、因素参与型、地质演化型的划分,如构造型地裂缝、非构造型地裂缝、地下水抽采型地裂缝、地震活动型地裂缝等,旨在以一种或几种关键因素把握地裂缝的成裂过程。通过前人大量研究证明,地裂缝的形成并非是由简单因素始终控制,而是糅合了若干因素的复杂过程,所有因素遵循着自身活动性质的规则,也遵循着与其他因素组合的规则,探讨地裂缝的成因机理就在于揭示其中内在关系。

本书将分别对典型的地域性、类属性地裂缝的成裂因素、成裂环节、成裂机理、成裂模式进行探讨,在此基础上概括出一般成裂机理。

第一节　濮阳市王助乡地裂缝

一、基本特征分析

该条地裂缝位于濮阳市王助乡王助村南,西边起点在王助村东,东边终点在东郭村东南,据受访者当地村民介绍,此裂缝于 1978 年左右自然开裂,以后曾多次在降雨之后发生开裂现象,且开裂后沿走向上形成多个塌陷坑,现场调查表明,该地裂缝为拉张型裂缝,两侧垂直错动差异较小,裂缝中间宽,东西两头窄,裂缝总体走向约为 320°,裂缝开裂宽度 50~90 cm,总长约 1 km。现状条件下该条地裂缝未见明显活动迹象,裂缝大多被粉土、粉质黏土充填。

濮阳市王助乡地裂缝在地表出露长度约 1.0 km,从整体延展趋向来看,具有较强的方向性。主要表现在以下五个方面。

(一)线性分布的成带性

地裂缝带实际上由多条地裂缝组合而成,具有成带性特点。濮阳市王助乡地裂缝平面示意图如图 5-1 所示。地裂缝在地表造成的塌陷变形比较明显(如 D2 点,见图 5-2、图 5-3),沿裂缝带分布有串珠状的塌陷坑。由图 5-1 可知,平面上地裂缝由多条裂缝组合成带状在地表断续显现,单条裂缝大多较短,其长度大多在 300 m 以内。

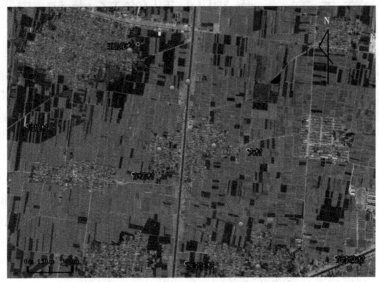

图 5-1　濮阳市王助乡地裂缝平面示意图

图 5-2　D2 点地裂缝(镜像 182°)

图 5-3 D2 点地裂缝(镜像 2°)

(二)地裂缝线性延伸、方向性强

根据调查,王助乡地裂缝空间展布方向主要为 NNW 向(320°),其中在 D1~D3 段,裂缝走向 315°;在 D3~D5 段,裂缝走向 322°;在 D6~D4 段,裂缝走向 310°;在 D7~D8 段,裂缝走向 320°。对单个地裂缝而言,均具有较稳定的方向性。地裂缝呈良好开启状态,裂缝深度一般在 0.8~1.6 m,且在地表造成的塌陷比较明显,沿裂缝带分布有串珠状的塌陷坑。

(三)地裂缝带的横向差异性

地裂缝在横向上呈带状分布,由一条主地裂缝和若干条次级裂缝组成地裂缝带,主地裂缝延伸长、连续性好,在同一个断面上其张开量最大,主地裂缝两旁发育有数量不等的近于平行的次级地裂缝,其发育长度一般较短。

(四)地裂缝发育的隐伏性

地裂缝在地表呈现显露或隐伏状态,一方面取决于其活动强弱,另一方面也会受到它所在的地质环境影响。因而同一条地裂缝带上的地裂缝多表现出时隐时现的分段现象,根据现场调查王助乡地裂缝多数迹象已不明显,仅在 D2 号观察点处出露。

(五)地裂缝的活动性

王助乡地裂缝最早出现在 1978 年左右,一般呈间歇性活动状态,出现一段时间后趋于稳定或逐渐闭合,在特定条件下激活(一般为降雨),重新表现出活动性;也有部分裂缝出现后,随着耕作逐步稳定,多年后已不显现,40 余年未再活动。地裂缝地表变形幅度受降雨因素影响明显,降雨后地裂缝大都表现为张变形陡增,但不久又很快恢复到雨前的变形状态。

二、探槽资料分析

为揭示濮阳市王助乡地裂缝剖面特征,选取 D2 处位置开挖探槽(探槽如图 5-4、图 5-5 所示),其规模为 3.0 m×2.0 m×3.0 m(探槽长度×宽度×深度),走向 135°,采用人工开挖、人工清壁。探槽工程在选址、设计的时候,既考虑到研究区地质特点,又考虑到科学价值,以求用最小的工事揭示最多的地质信息,从以下三个方面对探槽所揭示出的信息进行解读。

图 5-4　王助乡探槽全貌(镜像 260°)

图 5-5　探槽东侧地裂缝(镜像 135°)

(一)整体特征

探槽揭示地裂缝的剖面特征,地裂缝近地表铅直、曲折纵向延伸,剖面呈上宽下窄形状,地表裂缝出露宽 0.5~0.9 m,至探槽底部变窄为<0.1 m(如

图 5-4 所示)。地裂缝近直立,呈平行发育,无明显倾向,上下盘地层无明显错断现象。裂缝宽度上宽下窄,形似楔形,在探槽底部多呈闭合状态。由产状特征可推断,地裂缝近期活动多以拉张为主,垂直活动不明显。

(二)地层特征

王助乡探槽揭示出第四系地层均属冲积层,主要由黄河多次改道冲积而成,本次探槽开挖深度为 3.0 m,揭示 7 套地层(详见图 5-6),主要为粉质黏土、粉土等。

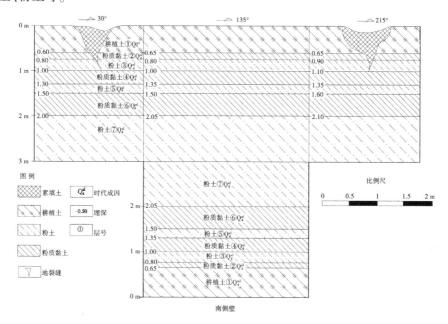

图 5-6 濮阳市王助乡地裂缝探槽四壁展布素描图

针对王助乡地裂缝 D2 点探槽具体来说(因探槽四壁类似,以探槽东壁为例):第①层为耕植土,灰色—深褐色,厚度 0.6~0.65 m,土质松散、破碎,以粉质黏土为主,含植物根系及少量红砖碎块。偶见生活垃圾,土质松散,透水性良好,该层分布连续。裂缝出露于 0.9 m 处,未见垂直错动。第②层为粉质黏土,黄褐色,可塑,较松散,针虫孔较发育。内含粒径 0.5~1.5 cm 钙质结核。层底深度 0.8~0.9 m,厚度约 0.2 m,该层分布连续。该层裂缝可见宽度 0.5~0.3 m。第③层为粉土,灰白色,稍湿,稍密。局部含蜗牛壳碎片,有锈黄斑,摇振反应中等,无光泽反应,韧性低,干强度低,层底深度 1.0~1.1 m,厚度 0.2 m,该层分布连续。该层裂缝可见宽度<0.1 m,地裂缝止于该层。第④层为粉质黏土,灰褐色,可塑,较松散,针虫孔较发育。层底深度 1.3~1.35 m,厚度约 0.3 m,该层分布

连续。第⑤层为粉土,灰白色,含粉细砂,具一定湿度,颗粒分选性好,层底深度1.5~1.6 m,厚度约0.2 m,该层分布连续。第⑥层为粉质黏土,黄褐色,硬塑。含少量钙核,含有锈斑,稍有光泽,干强度中等,韧性中等,无摇振反应,层底深度2.0~2.1 m,厚度约0.5 m,该层分布连续。第⑦层为粉土,灰白色,含粉细砂,具一定湿度,颗粒分选性好,层底深度3.0 m,厚度>1.0 m,该层分布连续,探槽未揭穿该层。

(三) 裂缝特征

王助乡地裂缝具有以下三方面特征:其一,王助乡地裂缝剖面"上宽下窄,向下延伸深度较浅",形似楔形,地裂缝的剖面形态结构为楔形,近直立,地表开口较宽(0.9 m),向下延伸逐渐变窄,至1.0 m左右即呈闭合线状(<0.1 m)直至尖灭。这说明水平拉张应力从深部向上传递,至少是在近地表1.0 m左右才逐渐释放而扩充裂缝的。其二,地裂缝具有充填物多物质组成的特征,地裂缝是由不同的物质填充而成的,缝宽不均,充填物质多样,主要有粉质黏土、生活垃圾、粉土等。充填物含水率相较于其他区域明显较大,说明地裂缝在近期遭受过地表水渗入的影响。其三,地裂缝垂向运动不明显,根据探槽揭露地层情况来看,裂缝两侧地层呈连续分布,未见明显错段痕迹,这说明该处地裂缝的活动以地表拉张作用为主,而在深部上的垂直位错或扭动作用不明显。因此,造成王助乡地裂缝的本质原因并不是单一因素,初步推测是多因素背景下耦合的结果。

三、成裂机理分析

王助乡地裂缝的形成与诸多因素相关,如大气降水、地表灌溉等,每一种因素起着不同的作用,其成裂贡献值也有着本质或次要的区别。通过槽探资料推知,王助乡地裂缝形成与地表灌溉及大气降水因素关联最大。

(一) 属非构造型地裂缝

王助乡位于中朝准地台华北坳陷南部内黄隆起带,该点北侧距清丰断裂最近距离大于30 km,东距长垣断裂约10 km,区内构造不甚发育(见图5-7);从地裂缝走向上来看,也与上述两条断裂没有明显的相关性;由探槽资料可知,地裂缝的活动以地表拉张作用为主,而在深部上的垂直位错或扭动作用不明显。由此推断王助乡地裂缝的开启与区域构造没有直接的相关性。

(二) 土体对地裂缝形成发展的控制作用

土质条件对地裂缝发育的程度、宽度和外貌景观都有一定的影响,地层岩性是地裂缝在地表大量显示的重要条件。根据王助乡地裂缝槽探资料可知,

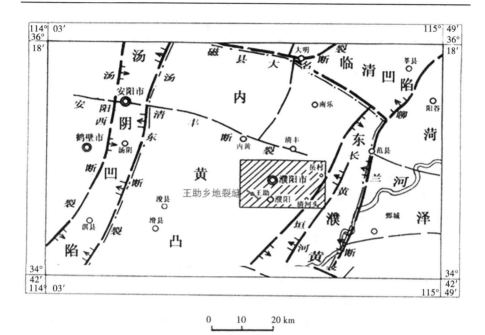

图 5-7　濮阳市王助乡地裂缝与区域构造

其地表为耕植土,厚度达 0.6 m,土质疏松,大多未完成自重性沉降,该层透水性良好,极易接受大气降水和地表灌溉的下渗,由于下部粉质黏土层透水性较差,大量水体易聚集在上部耕植土内,导致土体含水率较大,加之耕植土土体松散,易在该层形成空腔,这也正好印证了探槽在 0~0.6 m,其裂缝宽度达 0.5~0.9 m 这一特征;裂缝在进入第②层粉质黏土后其宽度衰变为 0.3 m,至粉土层。

　　根据其岩性特征,对其开启活动的力学机理可做如下解释,由于不同的土层物理力学性质差异较大(见表 5-1),导致土层对应变能的消化和吸收的能力差别必然很大,地表土层较强的物理力学性质可以承受或容忍较大的应变累积能,因此缓慢而连续作用的断层变形可以在一定时期内得到有效累积,然而一旦出现外部集中降水之后,地表土层物理力学强度又会突然下降到无法承受已有的应变累积能,从而发生突然开裂。因此,初步认为王助乡地裂缝的发育受土体类型控制明显。

表 5-1　　各层土的物理力学性质指标

土层编号	土层名称	天然含水率 ω(%)	天然重度 (kN/m³)	天然孔隙比 e	液性指数 I_L	压缩系数 a_{1-2} (MPa⁻¹)	压缩模量 E_S (MPa)	直剪	
								C (kPa)	φ (°)
④	粉质黏土	22.6	18.5	0.926	0.26	0.45	4.28	39.5	25.5
③	粉土	1.7	14.4	0.888		0.13	14.52	14.5	35

(三)地表水对地裂缝形成发展的诱导作用

河南北部平原很多地裂缝都是在降雨或灌溉中出露于地表的。地表水入渗对地裂缝启裂具有诱导作用,王助乡地裂缝也具有上述特点。

启裂的概要过程:(降雨、灌溉时)地表水入渗→深部地层破裂影响下,裂缝上部土层区水入渗速度比周围区快,从而在裂缝上部土层形成渗透变形带→上部土层结构破坏,产生拉张变形带,地表产生陷坑→水继续加速入渗,裂缝沿浅部土层薄弱面向下扩展→地裂缝。

其具体表现为:随着降水或灌溉形成的地表水不断入渗,当水流遇到裂缝时,便会顺缝而流,地裂缝起到导水、截水作用,因而地裂缝带的含水率增长速度往往高于无裂缝区域。裂缝周边次级裂缝发育,土体孔隙度大,在水作用下易使土体内薄弱面相互贯通,裂缝带区渗透性逐渐增强,形成强渗透变形区,随着裂缝带土体含水率不断增大,引起土体强度降低并致使土体产生破坏,随着渗透能力的逐步增强和水力侵蚀等作用,裂缝进一步扩展,最终显露于地表。

地表水入渗过程中,水作用导致土体物理力学性质发生各种变化,间接使隐伏的深部破裂显现于地表。在入渗过程中,渗透水流主要产生以下两种作用。

1.渗透力拖曳作用

渗透水流对土颗粒骨架产生的拖拽作用力被称为渗透力。在灌溉或降雨形成的地表水入渗过程中,地裂缝的存在,必然会加剧水的入渗能力,因此裂缝带的含水率增长速度往往高于无缝区。易引发裂缝带与周围土体沉降不均匀,加剧地裂缝扩展。

2.水力侵蚀

在地表浸水,水流主要顺土体裂隙快速入渗,水不断入渗情况下,土体含水率逐渐增大,裂缝带土体结构强度降低得最快,同时在水流的渗透压力及自重压力下,原来充填较差的土体首先遭受侵蚀,充填物中细微黏粒被水冲填入裂隙中,造成集中渗水现象,集中渗水又加剧了裂缝带土体的侵蚀,导致该区域变形的幅度增大。随着这种侵蚀的发展,在水流浸润峰面前端土体的密实度逐渐增大,水流转而以水平侧渗为主。

综上所述,王助乡地裂缝平面上具有较强的方向性;剖面上具有"上宽下窄"、充填物多物质组成及垂向运动不明显等特征;从成裂机理上来说,该处地裂缝属于非构造型地裂缝,其土体的差异性是地裂缝发育的基础条件,地表水(降雨、农田灌溉)是其主要诱发因素。由此可见,地裂缝的开启是多种因素耦合的结果。

第二节　滑县新集村地裂缝

一、基本特征分析

滑县新集村地裂缝野外编号为 HX002,位于滑县王庄乡新集村,沿 F1 裂缝走向上共定点 5 个,西边起点在新集村东小路边,向南终点在新集村南玉米地内,另外在村庄内发现 2 条地裂缝地表未见明显开裂,但已造成数十户房屋开裂,房屋裂缝多呈竖直产出,最大裂缝宽度 3.0 cm,从建筑物裂缝形态来看,呈上宽下窄,为拉裂型,关键点位置如图 5-8 所示。

图 5-8　滑县新集村地裂缝平面示意图

据受访者当地村民介绍,新集村地裂缝最早出现在 20 世纪 90 年代末,起初裂缝并未在地表显现,只在部分居民家房屋出现裂纹,地表明显开裂出现在

2006年12月,起初裂缝宽度较小,随着农业灌溉和降水,裂缝逐渐变宽,以后曾多次在降雨之后发生开裂现象,且开裂后沿走向上形成多个塌陷坑。现场调查表明,该地裂缝为拉张型裂缝,两侧无明显的垂直错动差异,裂缝中间宽、东西两头窄,裂缝总体走向约为210°,裂缝开裂宽度10~100 cm,总长约450 m。现状条件下该条地裂缝在大雨过后不断向南延伸。

(一)方向性

地裂缝从地层深处扩展到地表,对土体及人工构筑物具有破坏作用,可以形成潜蚀缝、塌陷坑、张裂纹等表生灾害现象。新集村地裂缝在地表出露长度约450 m,从整体延展趋向来看,具有很强的方向性。主要表现在以下两个方面。

(1)线性分布集中。地裂缝带实际上是由多条地裂缝组合而成(F1、F2、F3),具有成带性特点。地裂缝在地表造成的塌陷变形比较明显(如D3点),沿裂缝带分布有串珠状的塌陷坑(见图5-9)。在平面上并未出现断续状、人字状、小字状、雁列状、侧羽状等形态结构,线性出露特征良好。

图5-9 新集村地表串珠状塌陷坑(镜像170°)

(2)与古河道方向一致。地裂缝沿着宋黄河古河道向SSW向做不同程度的延伸,仅在局部地区有零星点状或散状分布,说明该地裂缝与黄河古河道有着某种共同成因上的联系。对比地裂缝与古河道及活动断裂分布图,可以看出活动断裂位于滑县北部内黄县,其走向为东西向,这与地裂缝的趋势走向是有区别的;另外,地裂缝的分布位置极少在活动断裂附近,相反地,它们与古河道的位置则表现出更好的对应关系。地质探槽资料表明,该区域上部主要由粉土、粉质黏土组成,下部由中细砂、粉细砂组成,古河道高地、洼地及河间低地相间分布。

(二) 分布性

调查区各地裂缝出露长度多在 300 m 以内,在农田及居民区均有发育。其中,F1 地裂缝,北距东西大街 5~8 m,沿 206°方向向西南延伸,延伸长度 15 m,在 D2 点处走向 256°,长度 30 m,向南延伸进入农田,走向 198°,总体走向 230°,地表多见串珠状塌陷坑,在 D3~D4 段可见地表明显开裂,开裂宽度 30~50 cm,最大开裂宽度 90 cm,裂缝总长 245 m,南段主裂缝东西侧发育一些与主裂缝平行的次级裂缝;F2 地裂缝,北距东西大街 15 m,延伸方向 175°,垂直于沿居民区延伸,地表张裂迹象已不明显,普遍可见房屋、墙体开裂,其开裂宽度 1~3 cm,最大可达 5 cm;F3 地裂缝,北距东西大街 20 m,延伸方向 200°,垂直于沿居民区延伸,基本与 F2 地裂缝平行发育,地表张裂迹象已不明显,普遍可见房屋、墙体开裂,其开裂宽度 1~3 cm,最大可达 5 cm。

(三) 周期性

依据野外走访调查,调查区地裂缝的活动周期大致为:第一阶段(萌芽期)1987~2000 年,据当地村民反映,调查区地裂缝最早出现于 20 世纪 90 年代,仅出现于农田中,长度较短,并未波及到房屋等地面建筑,且活跃时间较短,时现时隐,影响程度小;第二阶段(孕育期)2000~2006 年,地裂缝处于孕育阶段,在裂缝区渐渐蓄积应力;第三阶段(骤发期)2006 年至今,调查区比较典型的新集村地裂缝为这一时期加剧活动导致的,2014 年探槽施工时发现地裂缝仍在活动。

(四) 开启—闭合—复开启的活动形式

根据对地裂缝进行的调查及访问,新集村地裂缝地表变形表现出不同的特点,有的地裂缝在一年中有时显现缓慢张裂,有时显现缓慢合拢的不同变形过程;也有的在一年中一直呈缓慢的张裂变形状态。另外,地裂缝地表变形幅度受降雨因素影响明显,降雨后地裂缝大都表现开张变形陡增,但不久又很快恢复到雨前的变形状态。

二、探槽资料分析

为揭示滑县新集村地裂缝剖面特征,选取 D3 处位置开挖探槽,其规模为 3.0 m×2.0 m×3.0m(探槽长度×宽度×深度),走向 91°,采用人工开挖、人工清壁。探槽工程在选址、设计的时候,既考虑到研究区地质特点,又考虑到科学价值,以求用最小的工事揭示最多的地质信息,从以下三个方面对探槽所揭示出的信息进行解读。

(一)整体特征

探槽揭示地裂缝的剖面特征,地裂缝近地表铅直、曲折纵向延伸,剖面呈上宽下窄形状,地表裂缝出露宽 0.3~1.0 m,至探槽底部变窄,出露宽度<0.1 m(见图 5-10、图 5-11)。地裂缝近直立,呈平行发育,无明显倾向,上下盘地层无明显错断现象。裂缝宽度上宽下窄,形似楔形,在探槽底部多呈闭合状态。由产状特征可推断,地裂缝近期活动多以拉张为主,垂直活动不明显。

图 5-10 新集村探槽全貌(镜像 260°)

图 5-11 探槽南侧地裂缝(镜像 135°)

(二)地层特征

新集村探槽揭示出第四系地层均属冲积层,主要由黄河多次改道冲积而成,本次探槽开挖深度为 3.0 m,揭示 6 套地层(见图 5-12),主要为粉质黏土、粉土、粉砂土等。

针对新集村地裂缝 D3 点探槽具体来说(因探槽四壁类似,以探槽北壁为例):第①层为耕植土,灰色—深褐色,厚度 0.28~0.30 m,土质松散、破碎,以粉质黏土为主,含植物根系及少量红砖碎块,土质松散,透水性良好,该层分布连续。裂缝出露于 2.1 m 处,裂缝宽度 0.5~0.8 m,未见垂直错动。第②层为粉土,灰白色,稍湿、稍密,局部含蜗牛壳碎片,有锈黄斑,摇振反应中等,无光泽反应,韧性低,干强度低,层底深度 0.75~0.85 m,层厚 0.45~0.56 m,该层分布连续,可见裂缝宽度 0.3 m。第③层为粉砂土,灰黄色,饱和,密实,砂质纯净,主要成分为石英和长石,含少量泥质,局部夹粉土薄层。场地内该层分布较稳定,层底深度 1.60~1.65 m,层厚 0.8~0.85 m,该层可见裂缝宽度 0.1~0.2 m。第④层为粉质黏土,灰褐色,可塑,较松散,针虫孔较发育。层底深度 2.0 m,厚度 0.35~0.4 m,该层分布连续,地裂缝至于该层,裂缝宽度<0.1 m。第⑤层为粉砂土,灰白色,含粉细砂,具一定湿度,颗粒分选性好,层底深度 2.4 m,厚度约 0.4 m,该层分布连续。第⑥层为粉质黏土,黄褐色,硬塑。含少量钙核,含有锈斑,稍有光泽,干强度中等,韧性中等,无摇振反应,层底深度 3.0 m,厚度约 0.6 m,该层分布连续,探槽未揭穿该层。

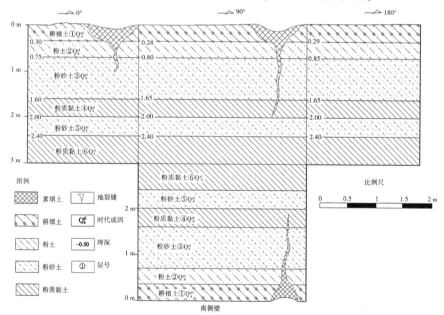

图 5-12　滑县新集村地裂缝探槽四壁展布素描图

由探槽资料可知,第四系浅部土层中有两层黏性土含有亲水性较强的物质成分,为地裂缝的发生提供了物质基础。而古河道沉积的两层粉砂层在横向上的突变处,也为地裂缝的出现提供了有利场所。当土层含水率骤变时,这些部位将最先产生应力集中,利于地面裂缝的出现和加速发展。

(三)裂缝特征

探槽开挖结果表明:其一,新集村地裂缝开启性好,该区地裂缝地表张开明显,经降水和灌溉等外部因素改造过后宽可达 0.5~0.9 m,个别宽 1.0 m。这些地裂缝有良好的连通性,沿线串珠状陷穴之下有连通的一盲沟,连通性好。其二,地裂缝剖面形态呈 V 字形,向下延伸,深度达 1.9 m,裂缝进入原状土中缝宽 0.3~0.1 cm,至 1.8 m 下基本表现为裂纹。显然,这些裂隙在原状土中由于遭受周围土体的限制和上覆土层的重压作用闭合比较紧密,而在近地表处的填土或耕植土则由于具有一定的自由空间和围压作用力较小,裂缝一般较原状土中宽阔,加上浇地引起裂隙两侧土层流失使地表裂隙进一步扩宽。其三,新集村地裂缝垂向运动不明显,在剖面上也未见羽列和雁列式结构,地裂缝基本上垂直地表向下延伸直至尖灭。裂缝两侧土层没有垂直位移,属于张性地裂缝。

三、成裂机理分析

从实际调查及槽探结果来看,滑县地裂缝的特征更多地表现为地表拉张性质,而在深部地层上未出现明显的地层错断,由此可以得出其成因与地层不均匀要素有着更为直接和主要的联系。而造成地层不均匀且有着一定范围的延伸的原因则能够指向为古河道因素。实际上,古河道是极其复杂的微地貌结构单元,并且是良好的地下水储存场所,能够造成地裂缝形成的结构及动力。根据收集的相关资料,结合槽探的成果,揭示出滑县新集村地裂缝在成裂过程中主要受到三种因素的影响:古河道、地下水过度开采和地下水的潜蚀作用。对该地裂缝成裂机理的分析,需要解决如下几个细节问题:地裂缝走向发育与古河道活动的孕生关系、地下水抽采、地下水潜蚀作用与地裂缝的开启关系。

(一)古河道对地裂缝的孕裂作用

从成裂因素来看,滑县新集村地裂缝在空间分布上所表现出的主要特点,其主导因素为古河道,对比地裂缝与古河道的关系,从两者的趋势走向来看,与区域古河道位置及走向对比,滑县地裂缝发育走向特征和该地区黄河古河道发育走向特征基本吻合。由此可见新集村地裂缝与古河道的关系密切,可见古河道因素在地裂缝成裂过程中起控制作用。

1. 孕裂地层结构

从探槽剖面看,古河道通常由土质疏松、松散的粉细砂组成。古河道的下部沉积物多为粉质黏土、黏土等透水性较差的物质,而上部则为透水性较好的物质,这样就造成了古河道上下土层性质的不均匀性。这种不均匀性的多层土体相互叠加在一起,并在一定范围内发育,为地裂缝的形成提供了条件。从本质来看,古河道这种土体的结构特征控制了岩土体力学行为。

2. 启裂动力因素

从启裂的动力因素来看,造成新集村地裂缝的力学因素主要包括自重作用和地震作用两种。现场调查可以发现,滑县境内古河道的发育较为广泛,其灾害主要表现为建(构)筑物的垂直拉裂现象,由此可见,地裂缝与建筑物自身对地层的荷载作用相关。从微观力学分析来看,粉砂土压缩量大于粉质黏土层,因而在上部荷载存在的情况下,产生不均匀沉降,造成边缘部位出现拉张裂缝。当然,不可否认地震作用的影响,由于地震的力源来自深部,瞬间造成地层的错动、挤压,尤其在含沙层区域,高压的地下水挟带着沙体向上部喷出,甚至喷出地面,造成地裂缝;而滞留于地层某个深度的砂体,也造成了地层的不完整性,在某一诱发因素(如地下水开采、地表水渗入)的影响下,形成地表裂缝。

3. 成裂模式

由于气候变化等因素,河道整段改道或断流,而造成河道的废弃,从而形成具有一定长度规模的浅埋河槽型古河道,这一类型地区往往在力源作用下形成具有与河道平行的地裂缝。古河道主要由物质松散、抗压性弱、沉陷性大的砂、砾石组成,又是沙土液化、地裂缝和喷水冒沙分布的集中区,因此在古河道发育地区——尤其是浅埋古河道发育地区,不宜做工程建设的基础。

(二)地下水的开采起诱发作用

据调查,滑县浅层地下水主要为潜水,含水层岩性以冲洪积形成的细砂、中粗砂为主,其间的隔水层主要为洪积的黏性土,压缩模量 13~24 MPa。地下水类型为潜水、浅层承压含水层,是农业主要开采层。据当地村民介绍,该处地下水埋深在 2000 年时为 3~5 m,村民家家户户都有压水井,但近年来随着城市和农村的快速发展,原有的压水井已经废弃,现状条件下地下水埋深达 16.5 m(据 2014 年 9 月实测)。根据《河南省 2013 年水资源公报》,滑县位于安阳—鹤壁—濮阳漏斗区内。该区域受气候干旱和人类经济活动的影响,超量开采地下水,其浅层地下水位持续下降,当第一含水层大部被疏干后,包气带土体厚度增大,土体结构与应力状态发生了改变,破坏了土体自身的稳定状态。过量抽取地下水势必在周边形成降落漏斗,漏斗中心区水位降幅大,土体压缩量大,造成的地面沉降幅也大,拉张应力相对集中,当区域拉张应力超过土层的抗拉强度时,将诱发并导致上部土层的裂变形,形成地裂缝。

(三)地下水的潜蚀加剧作用

地下水潜蚀作用形成的地裂缝,是指浅层地下水运移与包气带土体结构之间的作用结果。目前,地质生态环境遭到严重破坏,雨季河床行洪时河水补给地下水,水流渗透速度与水力坡度相应增大,动水压力增强。每年雨季,尤其是出现大暴雨时,常年干涸的河道出现洪流,能迅速补给地下水,地表水与地下水之间水力联系极为密切,浅层地下水开始回升,使包气带土层浸水软化,在土层底部与粗颗粒砂砾层接触处产生破坏渗透力,使土层发生流失和破坏,对土层产生渗透潜蚀、冲刷与掏空作用,形成土洞。在潜蚀作用下,土洞不断向上扩展,当顶板盖层自重大于其抗剪强度时,使土洞顶板土体失稳、土层剥落,土洞向上扩展,垮落的细粒物质被地下水流带走,导致地面下沉、开裂,形成地裂缝、塌陷坑与地下隐伏空洞。由于黏聚力小,塌陷坑或隐伏空洞多呈直筒状、漏斗状。故古河道带两侧易产生地裂缝与塌陷。

综上所述,滑县新集村地裂缝平面上主要表现为线性集中和与古河道的展布具有较强相关性;剖面上具有开启性好及垂向运动不明显等特征;从成裂机理上来说,该处地裂缝属于非构造型地裂缝,古河道对地裂缝发育起控制作用,地下水开采是其主要诱发因素,在暴雨季节水位回升形成的侵蚀作用加剧了地裂缝的发展,由此可见,地裂缝的开启是多种因素耦合的结果。

第三节　焦作市修武县七贤镇白庄村
南水北调渠地裂缝

由于断裂构造引发的地裂缝在本次调查中共发现 5 处,具体分布在濮阳市清丰县(3 处)、南乐县(1 处)和焦作市修武县(1 处)。本次选取焦作市修武县南水北调白庄段地裂缝,对其特征及成因进行初步分析。

一、基本特征分析

(一)平面展布特征

地裂缝野外编号为 XW001,位于焦作市修武县七贤镇白庄村南水北调渠,该地裂缝北起白庄村东北部,向南沿南水北调总干渠中心线延展,位置如图 5-13 所示。据受访者南水北调施工部人员介绍,该条地裂缝在工程施工期已经存在,初现时间约在 1983 年 6 月,以后曾多次在降雨之后发生开裂现象,且开裂后沿走向上形成多个塌陷坑。现场调查表明,该地裂缝为拉张型裂缝,裂缝总体走向约为 55°,裂缝开裂宽度 50~60 cm,深度 5~6 m,总长约 500 m。现状条件下该条裂缝已经采取注浆封填等措施。

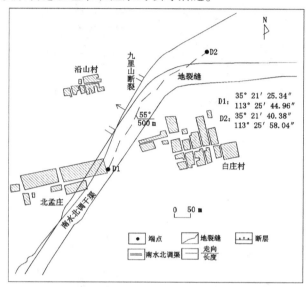

图 5-13　焦作市修武县白庄村地裂缝平面示意图

(二)剖面展布特征

2013 年 8 月现场调查时,现状条件下,由于南水北调施工,地裂缝所在区域开挖深度已经达到 9 m,宽度约 5.0 m,地裂缝迹象已经看不清楚(见图 5-14、图 5-15)。据实地调查,地层岩性主要为粉土、粉质黏土和黏土。

二、成裂机理分析

(一)成裂环境

该区域内,活动断裂尤其是 NNE 向断裂对地裂缝的孕育、成生、开启等方面起着控制作用。白庄村地裂缝孕裂环境主要受 NNE 向的太行山断裂带控制,中新世以来,NNE 向的太行山山前深大断裂持续活跃,九里山断裂属于太行山断裂的组成部分。其西起东于村,与朱村断层相交,至小墙北被凤凰岭断层截接,向东经九里山,古汉山延伸至辉县北部山区,长约 70 km,走向北东,倾向北西,断距 300~1 000 m。这种地裂缝的分布特征与断裂带的分布特征相对应,由于上部覆盖层的厚度较大,对断层活动造成的剪切应力具有一定的

图 5-14 白庄村南水北调渠(镜像 265°)

图 5-15 白庄村渠跨渠大桥(镜像 340°)

缓冲作用,导致其破裂的应力是一个逐渐积累的过程。

(二)开启动力

相关地裂缝研究表明,断裂破裂带距地表有一定的深度,只有当应力活动、应变积累、地震活动、地下洞穴开采、抽水作用、地表水渗入等某个或某几个条件成熟之后,才得以显现成缝。从实地勘查来看,白庄村地裂缝的启裂与应力作用、地下采矿活动、地下水抽取因素相关性最大,其中断裂活动导致的应力持续累积作用是基础,地下采矿活动、抽水作用对土体的持力能力的破坏作用是重要因素。由于断层持续活动,加之上覆土体性质而产生差异沉降,造成深部断层附近拉应力集中,从而形成破碎带,这为地裂缝的开启奠定了基础。九里山断裂具有正断层活动特征,断层的先期活动或者后期持续微弱的活动为地裂缝的形成提供了动力来源,导致拉应力区的扩展,甚至是破碎带的形成。此外,地下采矿活动、地表水入渗、地下水开采等构成了地裂缝形成的外部条件。

(三)成因分析

地裂缝的形成是一种长期的结果,而非短期的、突发的现象。白庄村地裂缝位于九里山断裂带上,该裂缝带走向及位置与九里山断裂走向近于一致。据现场实地调查,地裂缝附近表层岩土为粉土、粉质黏土、黏土等;据调查访问可知,白庄地裂缝是由两端向中心扩展的,经过长期、缓慢的发展,汇聚到某一区域,造成剪应力汇聚,从而形成一个新的破裂点。由此可以推断,裂缝从深部开始,拉应力增大到土体的受力极限时破裂开始形成,逐渐发展成深部的破裂带,在周边煤矿开采(方庄煤矿)、爆破、地下水抽采、地表水入渗等条件下,破裂向上发展至地表形成地裂缝。

通过以上论述,可以将白庄村地裂缝的成裂机理概括为:NNE向断裂对地裂缝的孕育、成生、开启等方面起着控制作用;其开裂动力基础主要为断裂应力持续累积作用;地下采矿活动、地表水入渗、地下水开采等条件共同构成了地裂缝形成的外部条件。

第四节 鹤壁市鹤山区煤矿塌陷区地裂缝

由于煤矿地下开采引发的地裂缝在本次调查中共发现18处,主要分布在鹤壁市鹤山区(3处),焦作市马村区(8处)、解放区(1处)、中站区(1处),新乡市辉县市(5处)。其主导因素均为煤矿开采,形成地下采空区,造成区内地面塌陷形成地裂缝。本次选取鹤壁市鹤山区地裂缝,对其特征及成因进行初步分析。

一、基本特征分析

鹤壁市鹤山区地裂缝位于鹤壁市鹤山区大吕寨村,该地裂缝南起大吕寨村西部,向北穿过省道221继续向北延伸至冲沟处消失,位置如图5-16所示。据受访者当地村民李和生介绍,该条地裂缝初现时间约在2006年6月,以后曾多次在降雨之后发生开裂,且开裂后沿走向上形成多个塌陷坑。现场调查表明,该地裂缝为张性裂缝,两侧有较明显的垂直错动,裂缝总体走向约为345°,开裂宽度50~80 cm,最大开裂宽度可达2.0 m,深度2~3 m,总长约500 m。现状条件下,地裂缝大多由于耕作活动遭到填埋。

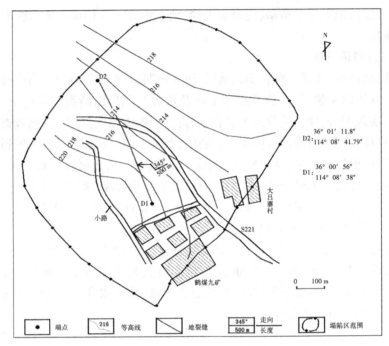

图 5-16　鹤壁市鹤山区地裂缝平面示意图

二、成裂机理分析

(一) 成裂环境

地裂缝的形成条件与影响因素：矿山开采主要是煤矿开采，形成地下采空区，是造成区内地裂缝灾害产生的主要原因。据调查，该处地裂缝所处位置在鹤壁市九矿地下采煤主巷道附近，由于地下矿石开采后，岩体内部形成一个空洞，使其天然应力平衡状态受到破坏，引起应力重新分布，产生局部的应力集中。

根据《鹤壁煤电股份有限公司第九煤矿矿山环境恢复治理方案》，其覆盖层主要由次生黄土状砂土、褐黄色粉质黏土、褐红色黏土及砾石等组成，厚度发育不稳定，变化在 0~32 m。其开采煤层二₁煤层直接顶板以泥岩、砂质泥岩为主，厚 1.00~14.94 m，底板以泥岩和砂质泥岩为主，细粒砂岩和炭质泥岩次之。矿区南部大部分为泥岩，厚 0.39~3.32 m，平均厚 1.25 m。随着鹤壁市九矿的不断开采，地下采空区不断扩大，可能引发地表塌陷、道路的下沉变形等问题。根据开采规划、井田勘探剖面资料和各矿层可采范围，预测将引起地下开采区地面塌陷，估算如下。

地表最大移动与变形的计算式为

最大下沉值：
$$W_{max} = qm\cos\alpha \tag{5-1}$$

最大曲率值：
$$K_{max} = \pm 1.52\frac{W_{max}}{r^2} \tag{5-2}$$

最大倾斜值：
$$I_{max} = \frac{W_{max}}{r} \tag{5-3}$$

最大水平移动值：
$$U_{max} = bW_{max} \tag{5-4}$$

最大水平变形值：
$$\varepsilon_{max} = \pm 1.52b\frac{W_{max}}{r} \tag{5-5}$$

垮落带最大高度：
$$H_m = \frac{M}{(K-1)\cos\alpha} \tag{5-6}$$

式中：q 为沉陷系数；m 为煤层法线厚度，m；α 为煤层倾角；b 为水平移动系数；r 为主要影响半径；M 为矿层采厚；K 为冒落岩石碎胀系数(见表5-2)。

表 5-2　常见岩石碎胀系数

岩石名称	砂、砾石	砂质黏土	中硬岩石	坚硬岩石
碎胀系数	1.05~1.2	1.2~1.25	1.3~1.5	1.5~2.5

参数取值：其煤层直接顶板为砂岩，本次 K 取值1.4；M 取其平均值6.96 m；矿层倾角平均为18°，经计算得出垮落带最大高度 $H_m = 18.3$ m。

为了更准确地对地表移动进行预测，根据《建筑物、水体、铁路及主要井巷煤柱留设与压煤开采规程》和本矿区地质、开采技术条件确定地表移动变形计算参数，见表5-3。

表 5-3　地表移动变形基本参数

矿层分类	覆岩类型	采厚(m)	平均倾角 α(°)	正切值 $\tan\beta$	下沉系数 q	水平移动系数 b	平均采深 H(m)	影响角 θ(°)
煤矿	中硬	6.96	18	2.52	0.43	0.35	80	77.76

其中开采影响角与煤层倾角的关系为
$$\begin{cases} \theta = 90° - 0.68\alpha & \alpha \leqslant 45° \\ \theta = 28.8° + 0.68\alpha & \alpha \geqslant 45° \end{cases} \tag{5-7}$$

开采倾斜煤层的水平移动系数为

$$b = 0.3(1 + 0.008\ 6\alpha) \tag{5-8}$$

$$q = 0.5(0.9 + P) \tag{5-9}$$

$$P = \frac{\sum_1^n m_i Q_i}{\sum_1^n m_i} \tag{5-10}$$

$$r = \frac{H}{\tan\beta} \tag{5-11}$$

式中：m_i 为覆岩 i 分层的法线厚度，m；Q_i 为覆岩 i 分层的岩性评价系数；H 为走向主断面上走向边界采深；P 为覆岩综合评价系数；r 为主要影响半径。

预测采区地面沉降量最小值为 0.3 m，最大值为 2.5 m，形成的采空区面积约 0.12 km²。本矿山的采矿方法决定了塌陷区将随着采矿活动的继续不断增大和加深，采空区外边缘区易受拉伸作用而产生多条地裂缝。

(二) 开裂机理

由上述地面塌陷预测，结合矿区地裂缝的特征表明，矿区地裂缝均属采空塌陷的伴生裂缝，地下煤炭开采是地裂缝形成的主要原因，地质构造及地下水疏干对地裂缝形成亦产生一定的影响。从地下开采到地表沉陷是上覆岩层中应力场、位移场复杂变化的过程，在这个过程中，地下开采空间是主导因素，覆岩破坏是过程，地表沉陷则为最终结果，而地表裂缝则是地表沉陷破坏的一种主要形式。

地下开采，致使地面塌陷区范围大于地下采空区范围，平面上分为中间沉降区、外围拉伸区和二者之间地带的应力挤压区三部分。其中，中间沉降区沉降速度及幅度最大，无明显地裂缝产生；应力挤压区下沉不均匀，呈凹形向中心倾斜；外围拉伸区下沉不明显，在拉张应力作用下，常形成张性地裂缝，即塌陷式地裂缝。

第六章　河南北部平原地裂缝易发性评价与预测

　　根据目前掌握的资料河南北部平原研究区共发育大小地裂缝48条,给人民群众的生活、生命财产安全等造成了严重的威胁,制约着当地经济社会的发展。本章运用地理信息系统(GIS)强大的空间分析功能,对研究区进行地裂缝灾害易发性评价,为该区今后地裂缝灾害的预警、防灾减灾提供参考。

　　地质灾害易发性评价的主要任务是分析灾害发生的活动条件,确定灾害强度及范围,即分析致灾体的孕灾环境和灾害敏感性。易发性分析反映的是不同地区地质灾害易发性的相对程度,以易发性等级来反映。待评价区灾害易发性程度通常受众多条件的影响和控制,需要结合实际条件综合考虑,选择合理的评价指标。

第一节　构建评价指标体系的原则

　　影响地裂缝发展的因素是复杂多变的,各因子之间相互作用、相互制约。地质灾害易发性评价具有鲜明的目的性,应遵循一定的原则。选择合适的指标体系对评价结果有重要的影响,因此如何选取评价指标是一个很重要的过程。指标选取要遵循以下原则。

　　(1)本次评价充分体现“以人为本”和“可持续发展”的战略新思想,既对地质灾害的易发性进行评价,又考虑地质灾害对社会的危害和对人民生命财产安全的威胁。

　　(2)地裂缝灾害具有随机性、模糊不确定性和复杂性等特点。因此,本次评价采用定量、半定量方法,对地裂缝灾害发生的易发性进行分析。

　　(3)评价以已发生过的地质灾害为背景,既根据调查做出现状评价,又要充分考虑人类工程经济活动及各种外营力条件变化影响做出预测性评价。

　　(4)构建评价指标体系时既要满足易发性评价的内涵和目标要求,又要能保证数据的可靠性、准确性和处理方式的科学性,使其能客观地反映地裂缝发育和发生的程度及范围。

　　(5)编制的地裂缝灾害易发性分区图,力求时空信息量大,实用易懂,可用于防灾决策和指导地质灾害防治。

第二节　易发性评价方法

随着 GIS 技术在地质灾害研究中的广泛应用,仅利用 GIS 技术建立待评价区地质空间数据库并不能展开进一步的分析评价,不能够达到地质灾害易发性评价的要求。因此必须将 GIS 技术结合评价方法,才能达到易发性区划的目的和要求。

一、评价方法的选取

常用的评价方法有专家打分法、模糊综合评判法、信息量法、人工神经网络法和层次分析法等。

对比上述方法,层次分析法(AHP 法)是一种定性与定量相结合的多准则决策方法。该方法将决策问题的有关元素进行分解,分解出目标、准则和方案等层次,在此基础上结合定性分析和定量计算,得出分析结果。层次分析法的优点是:①进行分析的思路清晰,分析者的思维能够保持条理化,方便计算;②只需较少的分析数据,但能得到各因素之间的内在关系,本次工作拟采用层次分析法进行。

基于层次分析法的上述优点,本书采用该方法进行易发性评价。应用层次分析法建模,按以下四个步骤进行:①建立递阶层次结构模型;②构造各层次中的所有判断矩阵(成对比较);③层次单排序及一致性检验;④层次总排序及一致性检验。

(一)递阶层次结构的建立与特点

分析决策问题时,先把问题条理化、层次化,构造出一个有层次的结构模型。在此模型下,复杂问题被分解为元素的组成部分。这些元素按属性及关系形成若干层次。上一层次的元素作为准则对下一层次有关元素起支配作用。这些层次可以分为以下三类(见图 6-1)。

(1)目标层:这一层次中只有一个元素,它是分析问题的预定目标或理想结果。

(2)准则层:这一层次中包含了为实现目标所涉及的中间环节,可由若干个层次组成,包括所需考虑的准则、子准则,可称为准则层。

(3)方案层:这一层次包括了为实现目标可供选择的各种措施、决策方案等,可称为措施层或方案层。递阶层次结构中的层次数与问题的复杂程度和需要分析的详尽程度有关,一般层次数不受限制。每一层次中各元素所支配的元素一般不要超过 9 个,因为过多的支配元素会给两两比较判断带来困难。

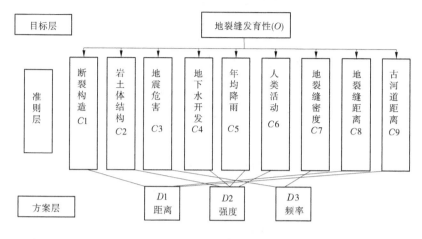

图 6-1　层次结构

(二)构造判断矩阵(成对比较)

在建立递阶层次结构以后,上下层次之间元素的隶属关系就确定了。假定上一层次的元素 O 作为准则,对下一层次的元素 $C1,C2,\cdots,C9$ 都有支配关系,我们的目的是在准则 O 之下按它们相对重要性赋予 $C1,C2,\cdots,C9$ 相应的权重。1—9 的标度方法(见表 6-1)是将思维判断数量化。首先,在区分事物的差别时,人们总是用相同、较强、强、很强、极端强的语言。再进一步细分,可以在相邻的两级中插入折中的提法,因此对于大多数判断来说,1—9 级的标度是适用的。

要比较 n 个因子 $X=\{x_i,\cdots,x_n\}$ 对某因素 Z 的影响大小,层次分析法采取对因子进行两两比较建立成对比较矩阵的办法。每次取两个因子 X_i 和 X_j,以 a_{ij} 表示 X_i 和 X_j 对 Z 的影响大小之比,全部比较结果采用矩阵 $A=(a_{ij})_{n\times n}$ 表示,称 A 为 Z~X 的成对比较判断矩阵。若 X_i 与 X_j 对 Z 的影响之比为 a_{ij},则 X_j 与 X_i 对 Z 的影响之比应为 $a_{ji}=1/a_{ij}$。

对于 a_{ij} 值的确定,该方法采用数字 1~9 及其倒数作为标度。表 6-1 给出了 1~9 标度的含义。

对于 n 个元素 $C1,C2,\cdots,Cn$ 来说,对目标 O 的重要性通过两两比较,得到两两比较判断矩阵 A:

表 6-1　判断矩阵标度及含义

标度	含义
1	表示两个因素相比,具有相同重要性
3	表示两个因素相比,前者比后者稍重要
5	表示两个因素相比,前者比后者明显重要
7	表示两个因素相比,前者比后者强烈重要
9	表示两个因素相比,前者比后者极端重要
2、4、6、8	表示上述相邻判断的中间值
倒数	因素 i 与 j 比较的判断 a_{ij},则因素 j 与 i 比较的判断 $a_{ji} = 1/a_{ij}$

$$A = \begin{bmatrix} C11 & C12 & \cdots & C1n \\ C21 & C22 & \cdots & C2n \\ \vdots & \vdots & \cdots & \vdots \\ Cn1 & Cn2 & \cdots & Cnn \end{bmatrix}$$

(1)判断矩阵设立。

设有 $C1, C2, \cdots, C9$ 九个指标,其两两比较所得的判断矩阵如表 6-2 所示。

表 6-2　判断矩阵

指标	$C1$	$C2$	$C3$	$C4$	$C5$	$C6$	$C7$	$C8$	$C9$
$C1$	1	7	3	5	7	8	1/2	2	2
$C2$	1/7	1	1/3	1/2	1	2	1/8	1/5	1/5
$C3$	1/3	3	1	2	3	5	1/5	1/2	1/2
$C4$	1/5	2	1/2	1	2	3	1/7	1/3	1/3
$C5$	1/7	1	1/3	1/2	1	2	1/8	1/5	1/5
$C6$	1/8	1/2	1/5	1/3	1/2	1	1/9	1/7	1/7
$C7$	2	8	5	7	8	9	1	3	3
$C8$	1/2	5	2	3	5	7	1/3	1	1
$C9$	1/2	5	2	3	5	7	1/3	1	1

(2)计算判断矩阵每一行元素的乘积,并求该乘积的 n 次方根。

$$W1 = (1×7×3×5×7×8×0.5×2×2)^{\frac{1}{9}} = 2.833\ 136$$

$$W2 = (0.142\ 8×1×0.333\ 3×0.5×1×2×0.125×0.2×0.2)^{\frac{1}{9}} = 0.395\ 724$$

$$W3 = (0.333\ 3×3×1×2×3×5×0.2×0.5×0.5)^{\frac{1}{9}} = 1.046\ 070$$

$$W4 = (0.2×2×0.5×1×2×3×0.142\ 8×0.333\ 3×0.333\ 3)^{\frac{1}{9}} = 0.643\ 935$$

$W5 = (0.142\ 8 \times 1 \times 0.333\ 3 \times 0.5 \times 1 \times 2 \times 0.125 \times 0.2 \times 0.2)^{\frac{1}{9}} = 0.395\ 724$

$W6 = (0.125 \times 0.5 \times 0.2 \times 0.333\ 3 \times 0.5 \times 1 \times 0.111\ 1 \times 0.142\ 8 \times 0.142\ 8)^{\frac{1}{9}} = 0.255\ 982$

$W7 = (2 \times 8 \times 5 \times 7 \times 8 \times 9 \times 1 \times 3 \times 3)^{\frac{1}{9}} = 4.147\ 166$

$W8 = (0.5 \times 5 \times 2 \times 3 \times 5 \times 7 \times 0.333\ 3 \times 1 \times 1)^{\frac{1}{9}} = 1.775\ 095$

$W9 = (0.5 \times 5 \times 2 \times 3 \times 5 \times 7 \times 0.333\ 3 \times 1 \times 1)^{\frac{1}{9}} = 1.775\ 095$

则 $W = (W1, W2, W3, W4, W5, W6, W7, W8, W9) = (2.833\ 136, 0.395\ 724, 1.046\ 070, 0.643\ 935, 0.395\ 724, 0.255\ 982, 4.147\ 166, 1.775\ 095, 1.775\ 095)$

①对方根组成的向量进行归一化处理(每个数值除以九个数字的总和所得的结果),则得到的向量为所求特征向量:

$W = (0.213\ 532\ 675, 0.029\ 825\ 609, 0.078\ 842\ 007, 0.048\ 533\ 203, 0.029\ 825\ 605, 0.019\ 293\ 293, 0.312\ 570\ 758, 0.133\ 788\ 421, 0.133\ 788\ 421)$;

②计算判断矩阵的最大特征根 λ_{max}:

$$PW = \begin{bmatrix} 1 & 7 & 3 & 5 & 7 & 8 & \frac{1}{2} & 2 & 2 \\ \frac{1}{7} & 1 & \frac{1}{3} & \frac{1}{2} & 1 & 2 & \frac{1}{8} & \frac{1}{5} & \frac{1}{5} \\ \frac{1}{3} & 3 & 1 & 2 & 3 & 5 & \frac{1}{5} & \frac{1}{2} & \frac{1}{2} \\ \frac{1}{5} & 2 & \frac{1}{2} & 1 & 2 & 3 & \frac{1}{7} & \frac{1}{3} & \frac{1}{3} \\ \frac{1}{7} & 1 & \frac{1}{3} & \frac{1}{2} & 1 & 2 & \frac{1}{8} & \frac{1}{5} & \frac{1}{5} \\ \frac{1}{8} & \frac{1}{2} & \frac{1}{5} & \frac{1}{3} & \frac{1}{2} & 1 & \frac{1}{9} & \frac{1}{7} & \frac{1}{7} \\ 2 & 8 & 5 & 7 & 8 & 9 & 1 & 3 & 3 \\ \frac{1}{2} & 5 & 2 & 3 & 5 & 7 & \frac{1}{3} & 1 & 1 \\ \frac{1}{2} & 5 & 2 & 3 & 5 & 7 & \frac{1}{3} & 1 & 1 \end{bmatrix} \begin{bmatrix} 0.213\ 532\ 675 \\ 0.029\ 825\ 609 \\ 0.078\ 842\ 007 \\ 0.048\ 533\ 203 \\ 0.029\ 825\ 605 \\ 0.019\ 293\ 293 \\ 0.312\ 570\ 758 \\ 0.133\ 788\ 421 \\ 0.133\ 788\ 421 \end{bmatrix} = \begin{bmatrix} 1.956\ 069 \\ 0.271\ 876 \\ 0.718\ 809 \\ 0.441\ 688 \\ 0.271\ 876 \\ 0.180\ 712 \\ 2.927\ 158 \\ 1.215\ 126 \\ 1.215\ 126 \end{bmatrix}$$

则有: $\lambda_{max} = 1/9 \times (1.956\ 069/0.213\ 532\ 675 + 0.271\ 876/0.029\ 825\ 609 + 0.718\ 809/0.078\ 842\ 007 + 0.441\ 688/0.048\ 533\ 203 + 0.271\ 876/0.029\ 825\ 605 + 0.180\ 712/0.019\ 293\ 293 + 2.927\ 158/0.312\ 570\ 758 + 1.215\ 126/0.133\ 788\ 421 +$

1. 215 126/0. 133 788 421)= 9. 167 295

(三)层次单排序

(1)计算一致性指标 CI。

$$CI = \frac{\lambda_{max} - n}{n - 1} \tag{6-1}$$

$CI = 0$,有完全的一致性;CI 接近于 0,有满意的一致性;CI 越大,不一致越严重。

将 n 取 9,λ_{max} 值代入式(6-1),求取 $CI = \dfrac{9.167\,295 - 9}{9 - 1} = 0.020\,912$

用这种方法定义的一致性是不严格的,还必须给出度量指标。Saaty 提出结合平均随机一致性指标 RI 来检验比较矩阵 A 是否具有满意的一致性。平均随机一致性指标是多次(500 次以上)重复进行随机判断矩阵特征根计算之后取算术平均得到的。

(2)根据 1986 年龚木森、许树柏通过重复计算 1 000 次判断矩阵后得出的查找对应的平均随机一致性指标 RI,RI 值如表 6-3 所示。

表 6-3　随机一致性指标 RI 值

n	1	2	3	4	5	6	7	8	9
RI	0	0	0.58	0.90	1.12	1.24	1.32	1.41	1.45

(3)计算一致性比例 CR。

$$CR = \frac{CI}{RI} \tag{6-2}$$

RI 取 1.45(查表 6-3);$CI = 0.020\,912$,代入式(6-2),求得 $CR = 0.020\,912/1.45 = 0.014\,422 < 0.10$。当 $CR < 0.10$ 时,就认为判断矩阵的一致性可接受,否则应对判断矩阵做适当修正。

这表明我们设定的判断矩阵具有满意的一致性,因此,$W =$(0.213 532 675,0.029 825 609,0.078 842 007,0.048 533 203,0.029 825 605,0.019 293 293,0.312 570 758,0.133 788 421,0.133 788 421)的各分量可以作为各个评价要素的相应权重数,即有:($C1,C2,C3,C4,C5,C6,C7,C8,C9$)=(0.213 532 675,0.029 825 609,0.078 842 007,0.048 533 203,0.029 825 605,0.019 293 293,0.312 570 758,0.133 788 421,0.133 788 421)。

(四)层次总排序

以上得到的是一组元素对其上一层中某元素的权重向量。最终要得到各元素,特别是最低层中各方案对于目标的排序权重,从而进行方案选择。总排序权重要自上而下地将单准则下的权重进行合成。

计算同一层次所有因素对于总目标(最高层)相对重要性的排序权值,称为层次总排序。这一过程由最高层到最低层逐层进行,设上一层次 A 包含的 m 个因素为 $A_1, A_2, \cdots, A_m$,它的层次排序权值分别为 $a_1, a_2, \cdots, a_m$;下一层次 B 包含 p 个因素记为 $B_1, B_2, \cdots, B_p$,它们对 A_j 的层次排序权值分别记为 b_{kj}(当 B_k 与 A_j 无联系时,$b_{kj} = 0$)。此时 B 层排序值如表 6-4 所示。

表 6-4 层次总排序

层次	A_1 A_2 $\cdots$ A_m	层次排序权值
	a_1 a_2 $\cdots$ a_m	
B_1	b_{11} b_{12} $\cdots$ b_{1m}	$\sum\limits_{j=1}^{m} a_j b_{1j}$
B_2	b_{21} b_{22} $\cdots$ b_{2m}	$\sum\limits_{j=1}^{m} a_j b_{2j}$
$\vdots$	$\vdots$	$\vdots$
B_p	b_{p1} b_{p2} $\cdots$ b_{pm}	$\sum\limits_{j=1}^{m} a_j b_{pj}$

对层次总排序需做一致性检验,检验也是由高层到低层逐层进行。各层次虽已经过层次单排序的一致性检验,各成对比较判断矩阵已具有较好的一致性,但是当综合检验时,各层次的非一致性有可能叠加,从而引起最终分析结果较严重的非一致性。

设 D 层中与 C_i 相关因素的成对比较判断矩阵在单排序中经过一致性检验,求得一致性指标为 $CI(j)$ $(j = 1, \cdots, m)$,相应平均随机一致性指标为 $RI(j)$ $[CI(j)$、$RI(j)$ 在层次单排序时已求得],则 C 层总排序随机一致性比例可按下式计算:

$$CR = \frac{\sum\limits_{j=1}^{m} a_j CI_j}{\sum\limits_{j=1}^{m} a_j RI_j} \tag{6-3}$$

1. 计算各方案层一致性

首先求出各准则层与各方案层的比较矩阵:准则 1-各方案的比较矩阵 ($C1$-D 比较矩阵),准则 2-各方案的比较矩阵($C2$-D 比较矩阵),准则 3-各方案的比较矩阵($C3-D$ 比较矩阵),准则 4-各方案的比较矩阵($C4-D$ 比较矩阵),准则 5-各方案的比较矩阵($C5-D$ 比较矩阵),准则 6-各方案的比较矩阵($C6-D$ 比较矩阵),准则 7-各方案的比较矩阵($C7-D$ 比较矩阵),准则 8-各方案的比较矩阵($C8-D$ 比较矩阵),准则 9-各方案的比较矩阵($C9-D$ 比较矩阵)。

$C1-D$、$C2-D$、…、$C9-D$ 比较矩阵如表 6-5~表 6-13 所示。

表 6-5 $C1-D$ 比较矩阵

	D1	D2	D3
D1	1	9	5
D2	1/9	1	1/2
D3	1/5	2	1

经计算,$C1-D$ 比较矩阵的最大特征值为 3.001 5,它对应的特征向量为(3.512 0,0.385 3,0.739 1),归一化后为(0.757 5,0.083 1,0.159 4)。一致性检验为:$CI=(3.001\ 5-3)/2=0.000\ 7$,$CR=0.000\ 7/0.52=0.001\ 3<0.1$。

这说明 $C1-D$ 比较矩阵的不一致是可以接受的。

表 6-6 $C2-D$ 比较矩阵

	D1	D2	D3
D1	1	1/9	2
D2	9	1	7
D3	1/2	1/7	1

经计算,$C2-D$ 比较矩阵的最大特征值为 3.100 2,它对应的特征向量为(0.608 8,3.924 5,0.418 6),归一化后为(0.122 9,0.792 5,0.084 5)。一致性检验为:$CI=(3.100\ 2-3)/2=0.050\ 1$,$CR=0.050\ 1/0.52=0.086\ 4<0.1$。

这说明 $C2-D$ 比较矩阵的不一致是可以接受的。

表 6-7 $C3-D$ 比较矩阵

	D1	D2	D3
D1	1	1/2	1/9
D2	2	1	1/7
D3	9	7	1

经计算,$C3-D$ 矩阵的最大特征值为 3.022 0,它对应的特征向量为(0.385 3,0.661 4,3.924 5),归一化后为(0.077 5,0.133 0,0.789 5)。一致性检

验为：$CI=(3.022\ 0-3)/2=0.011\ 0$，$CR=0.011\ 0/0.52=0.019\ 0<0.1$。

这说明 $C3-D$ 比较矩阵的不一致是可以接受的。

表6-8　$C4-D$ 比较矩阵

	$D1$	$D2$	$D3$
$D1$	1	1/9	1/2
$D2$	9	1	8
$D3$	2	1/8	1

经计算，$C4-D$ 比较矩阵的最大特征值为 3.037 2，它对应的特征向量为 $(0.385\ 3,4.101\ 3,0.632\ 9)$，归一化后为 $(0.075\ 3,0.801\ 1,0.123\ 6)$。一致性检验为：$CI=(3.037\ 2-3)/2=0.018\ 6$，$CR=0.018\ 6/0.52=0.032\ 1<0.1$。

这说明 $C4-D$ 比较矩阵的不一致是可以接受的。

表6-9　$C5-D$ 比较矩阵

	$D1$	$D2$	$D3$
$D1$	1	1/8	1/2
$D2$	8	1	9
$D3$	2	1/9	1

经计算，$C5-D$ 比较矩阵的最大特征值为 3.073 8，它对应的特征向量为 $(0.400\ 5,4.101\ 3,0.608\ 8)$，归一化后为 $(0.078\ 4,0.802\ 5,0.119\ 1)$。一致性检验为：$CI=(3.073\ 8-3)/2=0.036\ 9$，$CR=0.036\ 9/0.52=0.063\ 7<0.1$。

这说明 $C5-D$ 比较矩阵的不一致是可以接受的。

表6-10　$C6-D$ 比较矩阵

	$D1$	$D2$	$D3$
$D1$	1	1/7	1/2
$D2$	7	1	8
$D3$	2	1/8	1

经计算，$C6-D$ 比较矩阵的最大特征值为 3.076 7，它对应的特征向量为 $(0.418\ 6,3.774\ 9,0.632\ 9)$，归一化后为 $(0.086\ 7,0.782\ 1,0.131\ 1)$。一致性检验为：$CI=(3.076\ 7-3)/2=0.038\ 4$，$CR=0.038\ 4/0.52=0.066\ 1<0.1$。

这说明 $C6-D$ 比较矩阵的不一致是可以接受的。

表 6-11　*C7-D* 比较矩阵

	D1	*D2*	*D3*
D1	1	1/3	1/8
D2	3	1	1/7
D3	8	7	1

经计算，*C7-D* 比较矩阵的最大特征值为 3.104 7，它对应的特征向量为 (0.350 4,0.756 1,3.774 9)，归一化后为(0.071 8,0.154 9,0.773 3)。一致性检验为：$CI=(3.104\ 7-3)/2=0.052\ 3$，$CR=0.052\ 3/0.52=0.090\ 3<0.1$。

这说明 *C7-D* 比较矩阵的不一致是可以接受的。

表 6-12　*C8-D* 比较矩阵

	D1	*D2*	*D3*
D1	1	9	8
D2	1/9	1	1/3
D3	1/8	3	1

经计算，*C8-D* 比较矩阵的最大特征值为 3.108 2，它对应的特征向量为 (4.101 3,0.337 0,0.723 5)，归一化后为(0.794 5,0.065 3,0.140 2)。一致性检验为：$CI=(3.108\ 2-3)/2=0.054\ 1$，$CR=0.054\ 1/0.52=0.093\ 3<0.1$。

这说明 *C8-D* 比较矩阵的不一致是可以接受的。

表 6-13　*C9-D* 比较矩阵

	D1	*D2*	*D3*
D1	1	8	9
D2	1/8	1	1/2
D3	1/9	2	1

经计算，*C9-D* 比较矩阵的最大特征值为 3.073 8，它对应的特征向量为 (4.101 3,0.400 5,0.608 8)，归一化后为(0.802 5,0.078 4,0.119 1)。一致性检验为：$CI=(3.073\ 8-3)/2=0.036\ 9$，$CR=0.036\ 9/0.52=0.063\ 7<0.1$。

这说明 *C9-D* 比较矩阵的不一致是可以接受的。

2.计算层次总排序一致性

计算层次总排序及一致性检验，我们将结果列于表 6-14 中。

表 6-14　单层次计算数据总列表

		C1	C2	C3	C4	C5	C6	C7	C8	C9
W	准则层排序	0.213 5	0.029 8	0.078 8	0.048 5	0.029 8	0.019 3	0.312 6	0.133 8	0.133 8
W_{k1}	D1	0.757 5	0.122 9	0.077 5	0.075 3	0.078 4	0.086 7	0.071 8	0.794 5	0.802 5
W_{k2}	D2	0.083 1	0.792 5	0.133 0	0.801 1	0.802 5	0.782 1	0.154 9	0.065 3	0.078 4
W_{k3}	D3	0.159 4	0.084 5	0.789 5	0.123 6	0.119 1	0.131 1	0.773 3	0.140 2	0.119 1
λ_k		3.001 5	3.100 2	3.022 0	3.037 2	3.073 8	3.076 7	3.104 7	3.108 2	3.073 8
CI_k		0.000 7	0.050 1	0.011 0	0.018 6	0.036 9	0.038 4	0.052 3	0.054 1	0.036 9

　　层次总排序的计算方法为:将方案层子权值与对应的准则层权值乘起来后相加,如对于方案 $D1$,上表中第二行与第三行对应元素相乘后相加,即: $D1$ 对目标层的权重向量为:0.213 5×0.757 5+0.029 8×0.122 9+0.078 8× 0.077 5+0.048 5×0.075 3+0.029 8×0.078 4+0.019 3×0.086 7+0.133 8× 0.071 8+0.133 8×0.794 5+0.134 0×0.802 5=0.415 1。同理得 D_2、D_3 对目标层的权重向量为 0.218 9、0.366 0。则 $D1$、$D2$、$D3$ 对目标层的权重向量为 0.415 1、0.218 9、0.366 0。

　　则层次总排序组合随机一致性为:

$CR=$ 0.213 5×0.000 7+0.029 8×0.050 1+0.078 8×0.011 0+0.048 5× 0.018 6+0.029 8×0.036 9+0.019 3×0.038 4+0.133 8×0.052 3+0.133 8× 0.054 1+0.134 0×0.036 9=0.034<0.10

　　故层次总排序通过一致性检验。

二、评价指标体系的建立

　　评价指标体系的选取主要根据区域地质灾害的地质规律,使建立的模型能较好地反映地质模型的基本特征。本次工作通过综合分析,选取以下 9 个指标作为易发性评价的主要参评指标:距断裂距离、岩土体结构、地震活动、地下水开发程度、年平均降雨量、人类工程活动强度、地裂缝分布密度、距地裂缝距离、距古河道距离。评价指标体系及分级标准见表 6-15。

表 6-15　地裂缝灾害易发性评价指标体系及分级标准

评价因子	评价标准(地裂缝易发性分级:轻度—高度)			
	轻度(Ⅰ)	中度(Ⅱ)	中高度(Ⅲ)	高度(Ⅳ)
距断裂距离(km)	>10	5~10	1~5	<1
岩土体结构	基岩	一般性土	砂性土	特殊性土
地震活动 (活动频率 1 000 km²)	>1	1~10	10~20	>20
地下水开发强度 (距地下水开采漏斗距离,km)	>10	5~10	1~5	<1
年平均降雨量(mm)	<600	600~700	700~800	>800
人类工程活动强度 (距煤矿开采距离,km)	>50	10~50	5~10	<5
地裂缝分布密度 (条/1 000 km²)	<1	1~3	3~6	>6
距地裂缝距离(km)	>10	5~10	1~5	<1
距古河道距离(km)	>10	5~10	1~5	<1

(一)距断裂距离

本评价指标主要反映研究区地质构造,研究区内发育多条断裂,离断层越近产生新生破裂的可能性越大,区域微破裂越易开启。根据其对地裂缝易发性的影响,划分为轻度、中度、中高度和高度 4 个等级,其距断裂距离分别为>10 km、5~10 km、1~5 km 和<1 km。本次断裂影响的量化以是断层线为基准线,做缓冲区分析,间隔分别为<1 km、1~5 km、5~10 km、>10 km,分别向两边做 4 个缓冲区,再经栅格化和归一化处理,参与评价,见图 6-2。

(二)岩土体结构

本评价指标主要反映研究区地层岩性,按照成岩作用程度和岩、土颗粒间有无牢固连接,区内岩土介质可划分为岩体和土体两大类。调查区内地表主要为土体类型,因此本次工作将土体类型进一步划分为一般性黏土、砂性土、特殊性土(湿陷性黄土、盐渍土等)。按照调查区,将岩土体结构对地裂缝易发程度的影响进行归一化处理,得到岩土体结构指标归一化结果图,见图 6-3。

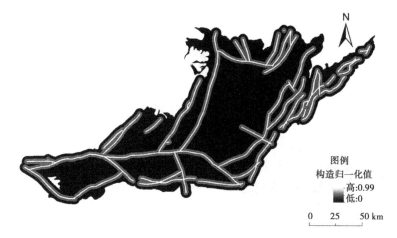

图 6-2　研究区距断裂距离归一化图

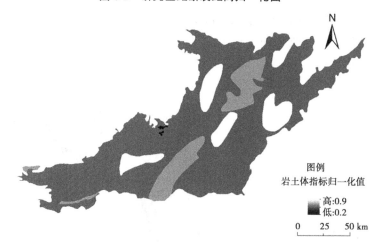

图 6-3　研究区岩土体结构归一化图

(三)地震活动

研究区内部地裂缝成因为地震地裂缝,地震对地裂缝的产生和发展有一定的控制和促进作用。根据区内近 30 年来地震活动情况来看,豫北地区未发生过大于 5 级的地震,其震级多为 3 级以下。本次针对地震频发性,将其对地裂缝的影响按照每 1 000 km² 地震发生的分布数量,分为 1 000 km²/>1、1~10、10~20、>20 四个等级。对其进行归一化处理得到地震活动指标归一化结果图,见图 6-4。

(四)地下水开发强度

地下水的开采和利用强度是地裂缝形成和发展的一个重要因素,过度开

图 6-4　研究区地震频发性归一化图

采地下水导致失水土层塑性降低,容易引起地面沉降和地裂缝。为了反映其对地裂缝的影响,根据地面沉降情况将其开发强度划分为极低、低、中和高 4 个等级,见图 6-5。

图 6-5　研究区地下水开发强度归一化图

(五)年平均降雨量

大气降水和农业灌溉可加剧地裂缝的开启,所谓降雨不均匀系数是指多年的汛期(7~9 月)平均降雨量与多年的年平均降雨量之比。降雨不均匀系数可以客观地反映出某一地区降雨的不均匀性,即降雨的集中程度,也就是相对的降雨强度。降雨不均匀系数越大,说明降雨比较集中,相对的降雨强度越大。对其进行归一化处理得到平均降雨量指标归一化结果图,见图 6-6。

图 6-6　研究区降雨强度归一化图

（六）人类工程活动强度

人类工程活动，如煤矿采空区、人防工程等也可造成地表塌陷，形成地裂缝。考虑到煤矿采空区、人防工程等人类工程活动对地裂缝影响最明显，本次人类工程活动的量化是以矿山开发为基准线，做缓冲区分析，间隔>10 km、5~10 km、5 km、<5 km，分别向两边做 4 个缓冲区，再经栅格化和归一化处理，参与评价。按照其活动强度，划分为无、较弱、中等和强烈 4 个等级，见图 6-7。

图 6-7　研究区人类活动强度归一化图

（七）地裂缝分布密度

根据野外调查资料，利用 GIS 将野外调查的地裂缝分布情况进行录入，按一定规格的网格进行评价时，密度就是单位网格内的灾害点数量，可用每

1 000 km² 发育的地裂缝条数,然后进行归一化。按照不同密度区地质灾害现象发生的概率,进行归一化,得到灾点密度指标归一化结果图,见图6-8。

图例
地裂缝密度归一化值
高:0.696 879
低:0.294 601

0　25　50 km

图 6-8　地裂缝分布密度归一化图

(八) 距地裂缝距离

与断层类似,也应考虑距地裂缝距离这一影响因素,划分标准与断层区划相同,所得归一化结果见图6-9。

图例
距地裂缝距离归一化值
高:0.99
低:0

0　25　50 km

图 6-9　研究区距地裂缝距离归一化图

(九) 距古河道距离

研究区内古河道发育,距离古河道越近,产生新生地下水潜蚀作用可能性越大,由于古河道地层结构的特殊性,其引起破裂越易开启。根据其对地裂缝发育危险性的影响,划分为轻度、中度、中高度和高度4个等级,其距古河道距离分别为>10 m、5~10 m、1~5 m 和<1 m,见图 6-10。

图例
古河道影响范围归一化值
高:0.959 9
低:0.0
0　25　50 km

图 6-10　研究区距古河道距离归一化图

三、计算单元的剖分

计算单元剖分的形式及其大小对区划的结果影响较大。采用栅格单元的优点是可利用 GIS 实现单元的快速剖分,同时栅格数据为矩阵形式,可借助计算机快速完成运算;其缺点是栅格评价单元与地形、地貌、地质环境条件信息缺乏有机联系。理想的计算评价单元应当是充分考虑地裂缝灾害形成的地质环境条件。本次研究针对调查区 1∶10 万比例尺 DEM,采用水文解析的方法将全区划分为 7 528 个单元,见图 6-11。

在水文分析中,首先进行 DEM 数据的洼地填充;然后,根据填充后的 DEM 求取全区的流向图,基于流向即可获得各单元的累积流量。通过设定流经某栅格单元的最小汇水单元格数,即可得到全区的集水区。显然,随着设定最小汇水单元数的增大,就可得到更大面积的汇水区,同时也可通过设定不同的最小汇水单元数,来对研究区进行不同精度水平的研究。从地形学角度出发,汇水区边界即为分水线。为确定河谷线,采用反向 DEM 数据进行上述水文汇水盆地分析,即将原始 DEM 沿某一水平线反转,原来 DEM 高点变为低点,求取的新的汇水边界就变成了河谷线。

在最终获取斜坡单元栅格数据集的基础上,通过 GIS 软件的栅格矢量转换功能,得到斜坡面域。在此转换过程中,会产生许多假的面集和许多面积很小或不协调面集单元,再次通过 GIS 的融合归并功能,删除不合理元素,最终得到评价单元面数据集。

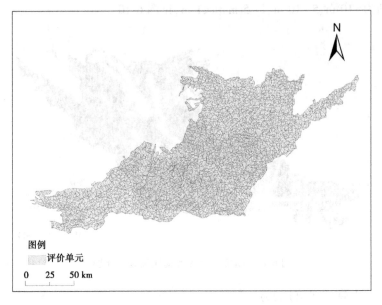

图 6-11　研究区计算单元剖分图

四、各因子权重的确定

选定各影响因子后,要确定各因子的权重才能实现空间数据叠加分析。本次运用层次分析法确定权重。层次分析法的具体分析方法见前文,其主要步骤为:①构造判断矩阵;②判断矩阵的一致性检验;③确定权重。

通过计算,得到各评价指标的权重值如表 6-16 所示。

表 6-16　评价因子权重值分配

评价因子	权值
距断裂距离(km)	0.213 532 679
岩土体结构	0.029 825 609
地震活动	0.078 842 007
地下水开发强度	0.048 533 203
年平均降雨量(mm)	0.029 825 609
人类工程活动强度	0.019 293 293
地裂缝分布密度(条/1 000 km²)	0.312 570 758
距地裂缝距离(km)	0.133 788 421
距古河道距离(km)	0.133 788 421

第三节　河南北部平原地裂缝发展趋势预测分析

一、地裂缝时间发展趋势分析

根据研究区内地裂缝在时间上的分布特征,区内地裂缝在1976~1980年前后经历一个较快的发展期;1980至今随着经济的持续发展,这一时期产生的采矿、地下水开采性地裂缝发育相对集中。据此分析,调查区在未来10年内将一直处于地裂缝发展的活跃期,因此该区内应加强地裂缝的监测和防治工作。

二、地裂缝空间发展趋势分析

根据河南北部平原地裂缝发展迁移规律,地裂缝开裂点大体由东向西、由北向南呈递减的趋势。最早1976年在河南北部平原北端清丰县发现地裂缝,1978年向南移至濮阳县王助乡和胡状乡,1985年继续向西南移至安阳市滑县。同样,河南北部平原成群成片出现的开裂区也存在北移东迁现象,如1976~1978年地裂缝主要在河南北部平原北端的清丰县、南乐县出现,这就是河南北部平原地裂缝在空间的发展趋势。

三、地裂缝易发程度区划

根据上述空间移动规律,本次地裂缝调查区为今后地裂缝发展的重点区,需对区内地裂缝易发地段加强监测工作。为此以河南北部平原区为研究对象,根据地裂缝现状分布情况并综合考虑前述地裂缝发育的影响因素,对研究区进行易发程度分区,预测地裂缝发生的可能性和地裂缝可能发生的大体空间位置,为后期的地裂缝防治工作提供科学依据。

(一)分区原则

(1)相似性原则:是区划的通用原则。将类似的地区划归为同一单元,而把不相似的地区划归为另一单元。

(2)区域完整性原则:区域完整性即区域内部的联系性,地裂缝发生时自然环境发生变化的结果,地裂缝的分布与区域自然条件密切相关,尤其是与地貌土层和地下水位降幅组合条件的相关性很强。所以要考虑区域自然条件的完整性,以大的地貌类型、土层岩性、现状条件下出现过地裂缝的活动断层区和地下水位降幅组合为地裂缝易发程度区划的基本界线。

　　(3)科学性原则:地裂缝易发程度预测必须依据对地裂缝的机理和分布规律的理性认识,选取可靠的指标,进行独立的预测、科学的预见,推断地裂缝资料欠缺或空白的地段发生地裂缝危险的可能性,而不仅仅是在地裂缝分布图上进行直观的分区。

　　(4)重复性原则:发生过地裂缝的某些地方,地裂缝活动具有重复性,表明该区域形成地裂缝的条件比较完备,因为制约地裂缝的各种地质条件变化是非常缓慢的,它们对地裂缝活动会长期发生作用,所以在历史上和现代地裂缝多发区内未来地裂缝也可能会重复发生。

　　(5)综合判定原则:为了避免使用单一因子判定地裂缝易发程度的局限性,必须应用综合性评判的方法,尽可能地将影响地裂缝易发程度和地裂缝灾害的多项因子组合在一起,综合考虑它们的联合作用,以便较客观地反映未来地裂缝易发程度和灾害程度。

(二)模型建立

　　易发性评价用易发性指数的分级来区划,模型表示为

$$R = \sum_{t=1}^{n} W_i X_i$$

式中:$n=9$;R 为地裂缝灾害综合易发性指数,即空间叠加分析后的栅格像元数值;W_i 为第 i 个评价因子的权重;X_i 为第 i 个评价因子概化分级并标准化后的值。各评价因子按权重因素叠加后,进行空间分析,最终得到研究区易发性分区图如图 6-12 所示。

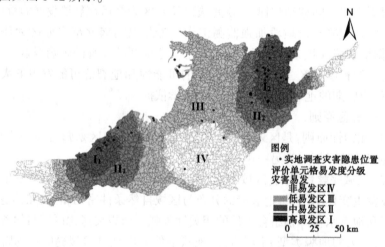

图 6-12　河南北部平原地裂缝灾害易发性分区

首先,划分评估单元网格,在前文中已经划分;其次,分别矢量化相应因子图层,确定研究区域地裂缝的评估因子;通过对各评估因子赋予相应的权重,严格按照以上表格中的特征进行分级和取值,根据地裂缝易发程度的判别式进行函数运算,得到该评估单元的地质灾害综合易发性指数 R。

最后将地质灾害综合易发性指数(R)分区间,利用 GIS 图形处理模块的区编辑,根据属性赋参数将新图层中所有图面单元赋予不同深浅的颜色,分别表示地裂缝地质灾害易发性的 4 个级别,即高易发区、中易发区、低易发区和非易发区。

(三)分区结果

根据地质灾害易发性评价结果,地裂缝地质灾害现象分区及地质灾害点的分布情况,综合考虑地形地貌、岩土体类型和结构特征以及人类工程活动影响范围及强弱程度,对调查区地裂缝地质灾害易发程度进行分区,如图 6-12 所示。

1. 高易发区(Ⅰ)

地裂缝灾害高易发区主要分布在焦作山前倾斜平原和濮阳-南乐黄河故道及决口扇一带。涉及的地市主要有焦作市、濮阳市、清丰县、南乐县等。总面积约 3 046.58 km²,占全区面积的 14.77%。地貌上为山前倾斜平原区—古河道高地—决口扇地貌,海拔 150~50 m,地表出露岩性西部倾斜平原主要为第四系中更新统(Qp^2)冲洪积,粉土、粉质黏土层和第四系全更新统(Qh)冲积层黄褐色粉土及砂层。该区西部人类工程活动强烈,主要为矿山开发,东部平原由于城市的快速发展,导致该地区地下水持续下降。据调查统计该区发育地裂缝灾害点 27 处,进一步可划分为 2 个亚区,现分别描述如下。

1)太行山前亚区(Ⅰ₁)

该亚区分布在太行山山前倾斜平原区,主要包括焦作市西北部、辉县北部、淇县山前及鹤壁山前地区。面积约 1 087.07 km²,占高易发区面积的 35.69%。该亚区发育地裂缝灾害 11 处。

2)濮-清-南亚区(Ⅰ₂)

该亚区主要集中在濮阳县、清丰县、南乐县一带,面积约 1 959.51 km²,占高易发区面积的 64.31%。该亚区发育地裂缝灾害 16 处,主要发育在古河道高地及决口扇边缘地区。

2. 中易发区(Ⅱ)

地裂缝灾害中易发区主要分布在温县-武陟-获嘉-辉县太行山山前倾斜平原和滑县东部-濮阳西部黄河故道及决口扇一带。总面积约 4 451.37 km²,

占全区面积的 21.58%。地貌上为山前倾斜平原区—古河道高地—决口扇地貌,海拔 150~50 m,地表出露岩性西部倾斜平原主要为第四系中更新统(Qp^2)冲洪积,粉土、粉质黏土层和第四系全更新统(Qh)冲积层黄褐色粉土及砂层。据调查统计,该区发育地裂缝灾害点 9 处,进一步可划分为 2 个亚区,现分别描述如下。

1)温县-武陟-获嘉-辉县亚区(II_1)

该亚区主要包括焦作市南部、辉县西北部山前地区。面积约 2 164.35 km²,占中易发区面积的 48.62%。该亚区发育地裂缝灾害 2 处。

2)滑县-濮阳亚区(II_2)

该亚区主要集中在滑县-濮阳一带,面积约 2 287.02 km²,占中易发区面积的 51.38%。该亚区发育地裂缝灾害 7 处,主要发育在古河道高地及决口扇边缘地区。

3.低易发区(III)

地裂缝灾害低易发区主要分布在新乡-淇县-安阳等黄河冲积平原地区。海拔±50 m,地表出露岩性主要为第四系全更新统(Qh)冲积层黄褐色粉土及砂层,总面积约 8 215.10 km²,占全区面积的 39.82%。人类活动主要为农业种植,本次调查该区域发现地裂缝灾害 6 处。

4.非易发区(IV)

地裂缝灾害非易发区主要分布在原阳-延津-封丘一带和范县、台前等黄河冲积平原地区。海拔±50 m,地表出露岩性主要为第四系全更新统(Qh)冲积层黄褐色粉土及砂层,总面积约 4 913.25 km²,占全区面积的 23.82%。人类活动主要为农业种植,本次调查该区域发现地裂缝灾害 1 处。

第七章　国家重点工程沿线地裂缝灾害分析

第一节　研究区国家重点工程概况

研究区内分布有南水北调中线工程、京港澳高速、大广高速、石武高铁、京九铁路、京广铁路等国家重点工程。

一、南水北调中线工程豫北部分

南水北调中线工程,水源地为汉江中上游的丹江口水库,主要向输水沿线的河南、河北、北京、天津4省市的20多座大中城市提供生活和生产用水。在研究区内该工程主要经过焦作市、新乡市、鹤壁市和安阳市4个省辖市,经查阅资料和沿南水北调中线工程专线实地调查,在该工程范围内共发现地裂缝1处,位于焦作市修武县七贤镇白庄村西北300 m。

二、京港澳高速工程

京港澳高速公路原为京珠高速公路,是一条首都放射型国家高速,国家高速公路网中编码为G4。在研究区内该高速公路主要经过原阳、新乡、卫辉、淇县、鹤壁、汤阴、安阳等市(县)。经查阅资料和现场实地走访调查,在该工程沿线周边未发现地裂缝灾害。

三、大广高速工程

大庆到广州高速公路,简称大广高速,中国国家高速公路网编号为G45,大广高速公路为南北纵向线。在调查区内该高速公路主要经过南乐县、清丰县、濮阳市、濮阳县、滑县、长垣县、封丘县等市(县)。经查阅资料和现场实地走访调查,在该工程沿线周边发现地裂缝灾害1处,位于南乐县寺庄乡大北汝村卫河河床。

四、石武高铁

石武高铁,又称石武客运专线,是中国一条建设中连接河北省石家庄市与湖北省武汉市的高速铁路,是中国"四纵四横"客运专线网络——京港客运专线的组成部分。在调查区内该高铁线路主要经过安阳、鹤壁、新乡等省辖市。经查阅资料和现场实地走访调查,在该工程沿线周边未发现地裂缝灾害。

五、京九铁路

京九铁路连接北京与香港九龙,途经京、津、冀、鲁、豫、皖、鄂、赣、粤9省(市)和香港特别行政区,是一条南北干线,对于缓解南北铁路运输的紧张状况起重要作用。在调查区内该高铁线路主要经过台前县。经过查阅资料和现场实地走访调查,在该工程沿线周边未发现地裂缝灾害。

六、京广铁路

京广铁路是贯通中国南北的重要铁路大通道,是国家铁路南北交通大动脉,是中国线路最长、运输最为繁忙的铁路,具有极其重要的战略地位。在调查区内该铁路沿线主要经过安阳、汤阴、鹤壁、淇县、卫辉、新乡、原阳等市(县)。经过查阅资料和现场实地走访调查,在该工程沿线周边未发现地裂缝灾害。

第二节　研究区国家重点工程地裂缝灾害分析

一、重点工程周边地质环境概况

调查区内重点工程沿线的地形地貌大部分为广阔坦荡的平原。由一系列河流冲积扇和山前冲洪积扇组合而成,其中以黄河大冲积扇为其主体。

调查区位于中朝准地台华北凹陷南部,西部属内黄凸起,东部属东濮凹陷。根据钻孔所揭露的地层由老到新包括太古界(登封群)、中元古界(汝阳群)、古生界(寒武系、奥陶系、石炭系、二叠系)、新生界(古近系、新近系、第四系)。

重点工程沿线构造形态以断裂构造为主,附近或穿越重点工程的活动断裂主要有汤东断裂、汤西断裂、柏山—古固寨断裂、峪河断裂。

新构造运动与地裂缝关系密切,主要表现在二者所处的构造环境的一致性、力学成因上的一致性和应力场的一致性。河南北部平原第四纪以来的新构造运动比较活跃,它的活动不仅控制着第四纪沉积物的沉积环境、成因类型,而且控制着第四纪堆积物的厚度及岩性特征。

二、重点工程沿线地裂缝灾害分析

经实地调查,研究区内重点工程沿线分布有两条地裂缝,分别为南水北调工程沿线的修武 XW001 和大广高速沿线的南乐 NL004。

XW001 地裂缝位于焦作市修武县七贤镇白庄村西北 300 m,与南水北调渠左侧相交,其走向近 NE30°。据现场走访调查,该地裂缝出现时间约 1983 年 6 月,规模等级为大型,长度约 500 m,宽度约 0.5 m,深度约 5 m,形成原因为地震和构造活动引起,该地裂缝的地质环境为粉土。

NL004 地裂缝位于南乐县寺庄乡大北汝村卫河河床,该条地裂缝初现于 2010 年 6 月,分布范围西起大广高速卫河大桥西侧,东至大北张村北 1 km 卫河河床,地裂缝发育在卫河漫滩,呈直线发育,WE 向展布,出露总长度 440 m,现状条件下,该地裂缝呈不活动状态。

该地裂缝区域地貌属于卫河漫滩地貌,附近无构造通过,地表岩性为粉砂、灰黄色、含云母片,主要成分有长石、石英、云母等,磨圆度较好,区内地表水体主要为卫河,水位埋深一般约为 0.7 m,主要受降水和卫河补给,为富水区,地表植被为乔木,以杨树为主,人类活动以农业活动为主。

三、地裂缝对工程设施的影响

南水北调中线工程沿线的修武 XW001 地裂缝,在南水北调工程开挖前,曾采用水泥灌浆处理,随着渠道开挖,大部分已经不存在。

该地裂缝的存在对南水北调工程具有不良影响,能够产生显著的灾害效应,成为河南北部平原地质灾害的重要类型。由于该处仅有单条地裂缝,因此对南水北调工程的影响有限,仅仅有可能产生宽度不大的渠面破裂,诱发渠基础的不均匀起伏变形,南水北调工程通水后,裂缝会对工程产生不同程度的破坏,缩短工程寿命,影响工程安全。

经过分析,大广高速沿线的南乐 NL004 地裂缝可能对大广高速公路工程活动造成影响。首先,主要表现在地裂缝的水平张拉和垂直错动超过一定限度可以使路基出现上下贯通的裂缝,而这种裂缝最终会反射到路面上。其次,路基的裂缝使得毛细现象更加显著,冬季冻胀而夏季融化产生的反复作用会破坏路基的稳定,降低路面的服务性。再次,地裂缝两侧应力传递不均匀,使地基土失稳进而导致地质脱空,甚至会导致路基路面整体结构发生剪切破坏。这不仅会严重影响交通运营质量,也是行车安全的重大隐患。最后对高速边坡有一定的影响,在地裂缝的活动及荷载作用下,边坡的岩体会发生不同形式的变形与破坏。

四、对重点工程建设的建议

在铁路、高速公路、水利工程的建设和运营过程中,应充分重视不同类型地裂缝的不良影响和工程危害,对不同类型的地裂缝采取不同的工程防治措施,减少线路工程病害。建议:①对断层裂缝带(如太行山山前破碎带),采取必要的绕避措施,避免将桥墩、车站、房屋、建筑设置在断层破碎带;对不可绕避断层破碎带,采用一定高度的路基垂直通过,最大限度地减轻断层裂缝效应。②对地震破裂带(如范县、台前),加强地震安全评价和工程稳定性区划工作,减轻地震灾害和地震破裂的工程影响。③加强重要工程沿线重点地段(石武高铁、京港澳、大广高速公路等)不同类型地裂缝的调查与监测,积累不同类型地裂缝灾害及相关灾害的防治经验。

第八章　地裂缝防治措施及建议

地裂缝灾害已造成了大量建筑物损坏,其严重性已引起人们的重视。由于地裂缝成因复杂,影响因素众多,因此防治工作应在查清地裂缝成因的基础上,根据其发育特征和强度,并充分考虑未来发展变化,有针对性地选择防治措施。

第一节　地裂缝防治措施

不同成因的地裂缝灾害作用特点和成灾机理也不相同。对于构造地裂缝,主要受构造活动的控制,一般工程措施难以防治。而非构造地裂缝分布范围、发育深度、强度主要受气候、气象、岩土体结构、地下水的控制,采取合理的工程措施如桩基、换填、加强建筑物基础和上部结构刚度等可以消除或减轻危害。对构造地裂缝可采取以下的防治措施。

一、以避让为主的原则,确定合理的避让距离

避让距离的确定,应在查清地裂缝发育现状和灾害程度的基础上,综合考虑下部构造活动和地下水开采对地裂缝活动的影响,预测地裂缝未来发展趋势。

对于公路、水渠、铁路等线形工程,当无法避免跨越地裂缝时,在跨越地裂缝地段可以采取预应力拱梁、悬空式架设等对不均匀沉降不敏感的结构,或在管道底部铺设一定厚度的碎石层,减小差异变形量,设置专门监测网络,实时掌握地裂缝发展变化,确保工程安全。对避让带外的地裂缝影响区,可采取一些具体工程措施防止或减轻地裂缝对建筑物的危害,增强建筑物抵抗不均匀沉降的能力,主要措施有加强基础和上部结构的刚度、加设地基褥垫层、采用桩基础等。

二、严禁在地裂缝破坏带及附近影响区域大量抽取地下水

地裂缝和地面沉降的长期快速发展,与长期超采地下水导致地下水位大

幅度下降密不可分。抽汲地下水引发地面变形是产生或加剧地裂缝活动的直接原因。多种成因地裂缝均和地下水开采有关,所以在地裂缝场地内应严格控制地下水开采,合理限制地下水开采范围、开采层位、开采强度。

三、加强监测工作

地裂缝成因复杂,影响因素众多,所以监测工作十分重要。通过对典型地裂缝的监测,掌握其活动特征,分析发展趋势,在规划设计阶段就采取必要的措施,可以达到事半功倍的效果。在建筑物建设和使用中,监测可以随时掌握地裂缝变化,当变形达到设计值时,及时采取工程措施,确保建筑物安全。

第二节　地裂缝防治建议

(1)建议加强地基整体性,根据地裂缝的破坏性质,对于受损建筑物的治理,根本途径还应在于对地基的处理。根据地基处理理论,对受地裂缝影响的建筑物,用地基托换技术中的建筑物纠偏比较合适。对建筑物纠偏的目的是调整不均衡垂向运动造成的建筑物倾斜。纠偏的方法可以分为在沉降小的一侧进行迫降纠偏和在沉降较大的一侧施行顶升纠偏,也可将两种方法结合起来。

(2)建议加强建筑物上部结构刚度和强度,抵抗差异沉降产生的变形及拉裂等。

(3)对于穿越地裂缝带的管线,尽量采用单根长管道,减少管道连接,以避免应力集中,同时对于不可避免的地裂缝带管道衔接,应设置相应的柔性接头;管道埋深尽量浅,因为埋深浅时此裂缝作用于管道的垂向摩擦较小,使得管道适应变形的能力增强;为了避免刚性挤压,主要管段穿越地裂缝带时,应采取管沟铺设,上面盖盖板,中间填减震材料。一旦由于地裂缝的活动沟底发生断裂,预置在沟内的减震材料可以进入裂缝,从而堵住了孔洞;对重要的供气、供油管道建议安装简易观测装置,以便及时采取相应措施。

(4)对于穿越地裂缝的桥梁工程,通过尽可能多地使用相互独立的桥墩,绕过地裂缝;尽量使桥梁与地裂缝正交,减小地裂缝产生的扭矩;适当地增加桥梁配筋和整体刚度,提高桥梁对地裂缝垂向活动和水平活动的抵抗能力;在地裂缝带的活动影响范围内修建立交桥,采用简支形式强于固接的形式。

(5)对于穿越地裂缝的道路工程,在经过地裂缝及影响带时,根据地裂缝剖面特征及活动规律,对出现地裂缝的路面段地基进行强化处理;采用加厚路面地基垫层的方式,根据不同地基土的抗剪强度,选用适当的地基材料;采用钢筋混凝土"工"字形连接设施,在路面裂缝两侧道路地基处理时,在地裂缝处预埋"工"字形连接处理设施,在地裂缝两盘浇筑混凝土地桩,中间以钢筋连接。

附 录

附录 1 河南北部平原地裂缝现状一览表

编号	位置	发生时间(年.月)	走向	长度(m)	主要发育特征	危害对象	成因	E	N
NL001	南乐县张果屯镇鄂小陈村	1978.6	230	300	直线,最大开裂宽度0.02 m,深度1.5 m,最大可见深度0.8 m,多年未见其活动迹象	民房10余户	构造、降雨、地下水诱发	115°21′09″	36°00′42″
NL002	南乐县十口乡西梁村	2004.6	280	197	直线,最大开裂宽度0.08 m,可见深度0.8 m,多年未见其活动迹象	农田2亩	干旱、降雨诱发	115°24′06″	36°03′12″
NL003	南乐县寺庄乡豆村	1978.6	140	205	直线,最大开裂宽度0.5 m,可见深度0.6 m,多年未见其活动迹象	农田1亩	干旱、降雨诱发	115°10′54″	36°05′43″
NL004	南乐县寺庄乡大北汝村卫河河床	2010.6	80	440	直线,最大开裂宽度0.2 m,可见深度1.0 m,多年未见其活动迹象	大广高速卫河大桥100 m	干旱、降雨诱发	115°09′04″	36°11′37″
NL005	南乐县袁村乡蔡庄村	2010.6	160	180	直线,最大开裂宽度0.05 m,深度0.8 m,多年未见其活动迹象	农田1亩	干旱、降雨诱发	115°06′27″	36°06′00″
QF001	清丰县高堡乡东吉村	2012.6	195	9	直线,最大开裂宽度0.02 m,深度0.05 m,多年未见其活动迹象	道路10 m	构造、降雨、地下水诱发	115°09′03″	36°00′17″
QF002	清丰县瓦屋头镇小集村	1978.6	100	9	直线,最大开裂宽度0.02 m,深度0.1 m,多年未见其活动迹象	民房3间	干旱、降雨诱发	115°18′38″	35°49′24″

续表

编号	位置	发生时间（年.月）	走向	长度（m）	主要发育特征	危害对象	成因	E	N
QF003	清丰县六塔集村	1978.6	90	8	直线,最大开裂宽度0.05 m,深度0.6 m,可见,多年未见其活动迹象	民房1户	干旱、降雨诱发	115°15′22″	35°50′19″
QF004	清丰县纸房乡张二庄村	1978.6	150	23	直线,最大开裂宽度0.02 m,深度0.3 m,可见,多年未见其活动迹象	变电所一座、农田1亩	干旱、降雨诱发	115°12′16″	35°52′03″
QF005	清丰县韩村乡马韩村西大广高速西侧300 m	1978.4	150	120	直线,最大开裂宽度0.02 m,深度0.05 m,可见,多年未见其活动迹象	农田1亩及高速公路	干旱、降雨诱发	115°00′30″	35°54′34″
QF006	清丰县大屯乡赵楼村	1978.6	230	300	直线,最大开裂宽度0.1 m,深度12 m,可见,多年未见其活动迹象	民房4户,农田3亩	构造、降雨地下水诱发	115°04′43″	35°55′40″
QF007	清丰县城关镇高庄村西南角清丰亭处	1978.6	75	110	直线,最大开裂宽度0.3 m,深度2.0 m,可见,多年未见其活动迹象	道路150 m,楼房2栋	构造、降雨地下水诱发	115°05′48″	35°54′46″
QF008	清丰县城关镇坑李家	1976.7	80	20	直线,最大开裂宽度0.3 m,深度2.2 m,可见,多年未见其活动迹象	农田1亩	干旱、降雨诱发	115°07′40″	35°54′10″
QF009	清丰县固城乡旧城村	1976.8	190	8	直线,最大开裂宽度0.02 m,深度0.3 m,可见,多年未见其活动迹象	道路20 m	干旱、降雨诱发	115°05′23″	35°52′37″
QF010	清丰县柳格镇上于元村	1980.7	110	8	直线,最大开裂宽度0.02 m,深度3.5 m,可见,多年未见其活动迹象	民房3户	干旱、降雨诱发	115°06′55″	35°51′01″

续表

编号	位置	发生时间（年.月）	走向	长度（m）	主要发育特征	危害对象	成因	E	N
QF011	清丰县马庄桥镇前游子庄村	2000.3	170	200	直线,最大开裂宽度0.03 m,可见深度1.5 m,多年来未见其活动迹象	民房5户、道路30 m	地下水潜蚀诱发	115°05′33″	35°49′15″
PY001	濮阳市王助东村富裕中路	1978.7	125	400	折线,最大开裂宽度0.3 m,雨季可见局部蹋陷	民房10余户	干旱、降雨诱发	114°56′09″	35°43′06″
PY002	濮阳市王助村南	2012.7	100	48	折线,最大开裂宽度0.4 m,多年来可见深度0.3 m	民房5户、土地10亩	干旱、降雨诱发	114°56′09″	35°43′06″
PY003	濮阳市东郭村东	1978.7	155	90	直线,最大开裂宽度0.2 m,多年来未见其活动迹象度1.5 m	民房15户、土地2亩	干旱、降雨诱发	114°56′16″	35°42′24″
PY004	濮阳县牛庄村	1997.8	215	50	折线,最大开裂宽度0.07 m,多年来未见其活动迹象深度3.5 m	民房5户	干旱、降雨诱发	114°56′29″	35°38′27″
PY005	濮阳县故状乡冯寨村	1997.8	290	500	直线,最大开裂宽度0.02 m,多年来未见其活动迹象深度1.0 m	民房3户、土地6亩	干旱、降雨诱发	115°06′23″	35°38′43″
PY006	濮阳县胡状乡柳寨村	1997.8	330	2 000	折线,最大开裂宽度0.5 m,多年来未见其活动迹象度1.0 m	民房11户、土地15亩	干旱、降雨诱发	115°07′04″	35°38′57″
PY007	濮阳县胡状乡柳寨村西	1997.8	335	110	折线,最大开裂宽度0.03 m,多年来可见深度1.5 m	农田1.2亩	干旱、降雨诱发	115°07′03″	35°38′60″
PY008	濮阳县胡状乡中国集村	1997.8	325	500	折线,最大开裂宽度0.5 m,多年来未见其活动迹象度0.9 m	农田5亩	干旱、降雨诱发	115°06′30″	35°38′60″

续表

编号	位置	发生时间（年.月）	走向	长度（m）	主要发育特征	危害对象	成因	E	N
PY009	濮阳市王助乡回提村东150 m	1978.7	5	400	直线，最大开裂宽度0.5 m，可见深度6 m，多年来未见其活动迹象	农田4亩	干旱、降雨诱发	114°55′29″	35°42′34″
HX001	滑县城关镇刘店村	1985.9	45	200	直线，最大开裂宽度0.2 m，可见深度0.3 m，多年来未见其活动迹象明显	民房5户、农田2亩、道路10 m	干旱、降雨诱发	114°32′07″	35°35′14″
HX002	滑县王庄乡新集	2012.9	82	200	直线，最大开裂宽度0.8 m，可见深度0.5 m，雨季地裂缝迹象明显	民房32户	干旱、降雨诱发	114°24′42″	35°30′05″
HX003	滑县慈周寨乡	2012.9	160	1 500	直线，最大开裂宽度0.05 m，可见深度0.01~0.03 m，多年来未见其活动迹象	民房10户	干旱、降雨诱发	114°37′58″	35°21′15″
HX004	滑县老庄乡青口村	2012.9	100	15	折线，最大开裂宽度0.8 m，可见深度0.15 m，雨季地裂缝迹象明显	民房4户、农田3亩	干旱、降雨诱发	114°31′58″	35°29′24″
HB001	鹤壁市鹤山区鹤煤五矿以北约350 m	2006.4	330	300	直线，最大开裂宽度0.3 m，可见深度0.7 m，活动迹象趋于减弱	民房5户、农田3亩	地下开矿活动诱发	114°10′22″	35°55′21″
HB002	鹤壁市鹤山区鹤煤三矿东马驹河村南部	2006.3	220	500	直线，最大开裂宽度1.2 m，可见深度0.8 m，活动迹象趋于减弱	农田5亩	地下开矿活动诱发	114°11′32″	35°57′20″
HB003	鹤壁市鹤山区大胡寨村丙（鹤煤九矿位于附近）	2013.3	345	500	直线，最大开裂宽度0.02 m，可见深度0.02~0.03 m，活动迹象趋于减弱	农田5亩	地下开矿活动诱发	114°08′38″	36°00′56″

续表

编号	位置	发生时间(年.月)	走向	长度(m)	主要发育特征	危害对象	成因	E	N
YY001	原阳县齐街镇马滩铺村	1986.6	190	300	直线,最大开裂宽度0.8 m,可见深度0.6 m,多年来未见其活动迹象	民房4户	干旱、降雨诱发	114°12′58″	35°06′14″
XXHX001	辉县市张村镇裴寨村	2006.5	32	300	直线,最大开裂宽度0.5 m,可见深度0.2 m,多年来未见其活动迹象	民房2户	地下开矿活动诱发	113°54′23″	35°30′59″
XXHX002	辉县市张村镇张村村	2005.3	120	20	直线,最大开裂宽度0.5 m,可见深度0.5 m,多年来未见其活动迹象	道路20 m	地下开矿活动诱发	113°54′05″	35°32′01″
XXHX003	辉县市薄壁镇赵屯村北	2009.1	94	1 200	直线,最大开裂宽度0.1 m,可见深度0.1 m,活动迹象趋于减弱	民房2户,农田10亩	地下开矿活动诱发	113°32′05″	35°27′43″
XXHX004	辉县市吴村镇吴村	2000.1	77	300	直线,最大开裂宽度0.02 m,可见深度0.3 m,活动迹象趋于减弱	民房5户	地下开矿活动诱发	113°29′17″	35°21′40″
XXHX005	辉县市赵固镇南小庄村	2003.2	243	150	直线,最大开裂宽度0.2 m,可见深度0.15 m,活动迹象趋于减弱	农田2亩	地下开矿活动诱发	113°40′23″	35°25′03″
MC001	焦作市马村区	2000.4	96	442	弧形,最大开裂宽度0.55 m,可见深度1.5 m,活动迹象趋于增强	道路300 m,工厂	地下开矿活动诱发	113°21′01″	35°16′33″
MC002	马村区安阳城街道西罗庄村东南300 m	1987.4	302	196	弧形,最大开裂宽度0.7 m,可见深度1.0 m,活动迹象趋于减弱	农田2亩	地下开矿活动诱发	113°20′25″	35°17′45″

续表

编号	位置	发生时间(年.月)	走向	长度(m)	主要发育特征	危害对象	成因	E	N
MC003	马村区演马街道耳贵城簗村南400 m	1993.3	176	100	直线,最大开裂宽度0.2 m,可见深度0.5 m,活动迹象逐干减弱	农田1亩、高速公路50 m	地下开矿活动诱发	113°24′22″	35°19′08″
MC004	马村区演马街道寺庄村北	1997.3	176	136	折线,最大开裂宽度0.2 m,可见深度1.0 m,活动迹象逐干减弱	公路120 m	地下开矿活动诱发	113°23′30″	35°20′26″
MC005	马村区演马街道马冯营村东	1996.6	147	85	折线,最大开裂宽度0.7 m,可见深度0.6 m,活动迹象逐干减弱	公路80 m	地下开矿活动诱发	113°23′06″	35°20′08″
MC006	马村区马界村	1996.6	152	6	弧形,最大开裂宽度0.4 m,可见深度2.0 m,活动迹象逐干减弱	民房1广	地下开矿活动诱发	113°19′21″	35°17′54″
MC007	马村区马界村	1996.6	35	10	弧形,最大开裂宽度0.4 m,可见深度1.5 m,活动迹象逐干减弱	公路10 m	地下开矿活动诱发	113°19′03″	35°17′51″
JF001	解放区田涧村西北	2000.6	320	50	直线,最大开裂宽度0.5 m,可见深度5~6 m,活动迹象逐干减弱	农田3亩	地下开矿活动诱发	113°11′07″	35°14′20″
ZZ001	焦作市中站区西冯封村	2000.7	30	100	直线,最大开裂宽度0.5 m,可见深度0.7 m,活动迹象逐干减弱	农田0.5亩	地下开矿活动诱发	113°07′51″	35°13′19″
XW001	修武县七贤镇白庄村西北300 m	1983.7	55	500	直线,最大开裂宽度0.5 m,可见深度0.7 m,未见活动迹象	南水北调干渠500 m	构造、降雨诱发	113°25′52″	35°21′29″

附录 2　河南北部平原部分地裂缝现状照片

南乐县张果屯镇郭小陈村
地裂缝破坏房屋(镜像 230°)

南乐县张果屯镇郭小陈村
地裂缝破坏耕地(镜像 40°)(1)

南乐县张果屯镇郭小陈村
地裂缝破坏耕地(镜像 40°)(2)

南乐县千口乡西梁村
地裂缝破坏耕地(镜像 280°)

南乐县千口乡西梁村
地裂缝破坏耕地(镜像 10°)

南乐县寺庄乡豆村
地裂缝破坏耕地(镜像 300°)

南乐县寺庄乡豆村
地裂缝破坏耕地(镜像 220°)

南乐县寺庄乡大北张村卫河
地裂缝破坏河道(镜像 260°)

南乐县寺庄乡大北张村卫河
地裂缝破坏河道(镜像 350°)

南乐县元村镇蔡庄村哑巴坑
地裂缝破坏耕地(镜像 300°)

南乐县元村镇蔡庄村哑巴坑
地裂缝破坏耕地(镜像 300°)

清丰县高堡乡东吉村
地裂缝破坏房屋(镜像 195°)

清丰县瓦屋头镇小集村

地裂缝破坏房屋(镜像 290°)

清丰县六塔乡集村

地裂缝破坏房屋(镜像 90°)

清丰县纸房乡张二庄村

地裂缝破坏耕地(镜像 150°)

清丰县韩村乡马韩庄西

地裂缝破坏耕地(镜像 315°)

清丰县大屯乡赵楼村

地裂缝破坏林地(镜像 230°)

清丰县城关镇高庄村

地裂缝破坏房屋(镜像 165°)

清丰县城关镇李家村
地裂缝破坏耕地(镜像 230°)

清丰县固城镇旧城村
地裂缝破坏房屋(镜像 85°)

清丰县柳格镇土子元村
地裂缝破坏房屋(镜像 110°)

清丰县马庄桥镇游子庄
地裂缝破坏房屋(镜像 330°)

濮阳市华龙区王助乡王助东村
地裂缝破坏房屋(镜像 182°)(1)

濮阳市华龙区王助乡王助东村
地裂缝破坏房屋(镜像 182°)(2)

濮阳市华龙区王助乡王助东村
地裂缝破坏房屋（镜像 210°）

濮阳市华龙区王助乡王助东村
地裂缝破坏房屋（镜像 182°）

濮阳市华龙区王助乡王助东村
地裂缝破坏耕地（镜像 100°）（1）

濮阳市华龙区王助乡王助东村
地裂缝破坏耕地（镜像 100°）（2）

濮阳市华龙区王助乡王助东村
地裂缝破坏房屋（镜像 100°）

濮阳市华龙区王助乡王助东村
地裂缝破坏耕地（镜像 100°）（3）

濮阳市华龙区东郭村东 20 m
地裂缝破坏房屋(镜像 155°)

濮阳市华龙区东郭村东 20 m
地裂缝破坏耕地(镜像 155°)

滑县城关镇刘店村
地裂缝破坏房屋(镜像 180°)

滑县城关镇刘店村
地裂缝破坏道路(镜像 160°)

滑县城关镇刘店村
地裂缝破坏耕地(镜像 10°)

滑县王庄乡新集村
地裂缝破坏耕地(镜像 157°)

滑县王庄乡新集村
地裂缝破坏耕地(镜像157°)

滑县王庄乡新集村
地裂缝破坏耕地(镜像8°)(1)

滑县王庄乡新集村
地裂缝破坏耕地(镜像8°)(2)

滑县王庄乡新集村
地裂缝破坏耕地(镜像40°)

滑县王庄乡新集村
地裂缝破坏耕地(镜像24°)

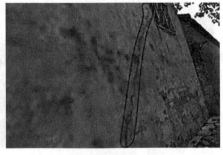

滑县王庄乡新集村
地裂缝破坏房屋(镜像273°)

滑县同寨乡慈周寨村
地裂缝破坏房屋(镜像176°)

滑县老店乡青口村
地裂缝破坏耕地(镜像270°)

滑县老店乡青口村
地裂缝破坏耕地(镜像275°)

滑县老店乡青口村
地裂缝破坏耕地(镜像96°)

鹤壁市鹤山区煤五矿北
地裂缝破坏耕地(镜像240°)(1)

鹤壁市鹤山区煤五矿北
地裂缝破坏耕地(镜像240°)(2)

鹤壁市鹤山区煤三矿马驹河村
地裂缝破坏耕地（镜像 230°）

鹤壁市鹤山区大间寨村西
地裂缝破坏耕地（镜像 345°）

焦作市马村区东韩王村
地裂缝破坏房屋（镜像 110°）（1）

焦作市马村区东韩王村
地裂缝破坏房屋（镜像 110°）（2）

焦作市马村区东韩王村
地裂缝破坏耕地（镜像 130°）

焦作市马村区东韩王村
地裂缝破坏耕地（镜像 115°）

焦作市马村区东韩王村
地裂缝破坏耕地(镜像 140°)(1)

焦作市马村区东韩王村
地裂缝破坏耕地(镜像 140°)(2)

焦作市马村区义庄村
地裂缝破坏耕地(镜像 260°)(1)

焦作市马村区义庄村
地裂缝破坏耕地(镜像 260°)(2)

新乡市原阳县齐街镇马滩销村
地裂缝破坏房屋(镜像 190°)(1)

新乡市原阳县齐街镇马滩销村
地裂缝破坏房屋(镜像 190°)(2)

辉县市张村镇裴寨村
地裂缝破坏耕地(镜像315°)

辉县市张村镇裴寨村
地裂缝破坏耕地(镜像20°)

辉县市薄壁镇赵屯村
地裂缝破坏耕地(镜像96°)(1)

辉县市薄壁镇赵屯村
地裂缝破坏耕地(镜像96°)(2)

参考文献

[1] 刘玉海,陈志新,牛富俊.大同市地面沉降特征及地下水开采的环境地质效应[J].中国地质灾害与防治学报,1998,9(2):155-160.

[2]《华北平原地裂缝调查与防治研究成果报告》[R].中国地质调查局水文地质环境地质调查中心,2016.

[3] 江娃利,聂宗笙.河北省邯郸市地裂缝成因探讨[J].华北地震科学,1985,3(4):68-76.

[4] 王景明,倪玉兰,刘金峰,等.河北省地裂缝灾害与成因分析[J].中国地质灾害与防治学报,1994(5):98-102.

[5] 王景明,王江帅,刘金峰,等.地裂缝及其灾害的理论与应用[M].陕西:陕西科学技术出版社,2000.

[6] 王景明,李昌存,王春梅,等.中国地裂缝的分布与成因研究[J].工程地质学报,2000(8):11-16.

[7] 王景明,王春敏,刘科.地裂缝及其灾害研究的新进展[J].地球科学进展,2001,16(3):303-313.

[8] 河南省地裂缝与地面沉陷调查报告[R].河南省地矿厅第三水文地质工程地质队,1991.

[9] 华北平原(河南北部平原)地裂缝现状调查2013年成果报告[R].河南省地矿局第二地质环境调查院,2013.

[10] 郭新华,卢积堂,宋高举,等.河南省平原区地裂缝年谱考[J].资源导刊·地球科技版,2015(11):4-15.

[11] 李昌存.河北平原地裂缝研究[D].武汉:中国地质大学,2003.

[12] 李亮.地裂缝带黄土的渗透变形试验研究[D].西安:长安大学,2007.

[13] 李树德.活动断层分段研究[J].北京大学学报,1999,35(6):768-773.

[14] 孟繁钰.地裂缝扩展方向及影响带宽度研究[D].西安:长安大学,2011.

[15] 陈立伟.地裂缝扩展机理研究[D].西安:长安大学,2007.

[16] 赵雷,李小军,霍达.断层错动引发基岩上覆土层破裂问题[J].北京工业大学学报,2007(1):20-25.

[17] 孙萍.黄土破裂特性试验研究[D].西安:长安大学,2007.

[18] 高淑琴.河南平原第四系地下水循环模式及其可更新能力评价[D].长春:吉林大学,2008.

[19] 河南省2013年水资源公报[R].河南省水利厅,2014.

[20] 刘红云.抽水引起含水层水平运动及其与地裂缝的关系[D].西安:长安大学,2007.

[21] 吴忱,等. 华北平原古河道研究[M]. 北京:中国科学技术出版社,1991.

[22] 王文楷,张震宇. 黄河冲积扇平原浅埋古河道带及其与浅层地下水关系初探[J]. 河南科学,1990(2):93-98.

[23] 河南省鹤壁市地质灾害调查与区划报告[R]. 河南省地质环境监测院,2007.

[24] 河南省焦作市地质灾害调查与区划报告[R]. 河南省地质环境监测院,2007.

[25] 国家煤炭工业局. 建筑物、水体、铁路及主要井巷煤柱留设与压煤开采规程[M]. 北京:煤炭工业出版社,2000.

[26] 河南省地质矿产局. 河南省区域地质志[M]. 北京:地质出版社,1989.